# 會計學原理

## 學習輔導書

劉衛、蔣琳玲　主編

財經錢線

# 前言

「工欲善其事，必先利其器。」讀書除了天分、勤奮，還需要一個好的方法。《會計學原理學習輔導書》是按照學習方法與學時並進的時間安排而編寫的。其蘊藏的理念是：把書讀薄再把書讀厚。本學習輔導書的「要點總覽」「重點難點」「知識點梳理」板塊是從厚厚的教材中總結出的每章、每節的知識要點——謂之把書讀「薄」；進而從練習題的解題過程中發現難點、易疏忽的細節，展開分析——謂之把書讀「厚」。

將《會計學原理學習輔導書》與我們編寫的《會計學原理》教材配合使用，可以加深對教材內容的理解和掌握，達到事半功倍的復習效果。

本學習輔導書在編寫過程中得到了胡國強教授的指導和幫助，在此表示衷心的感謝，也非常感謝對本學習輔導書的編寫提出寶貴意見和建議的各位朋友。由於編者的學識水平有限，本書在結構和內容上難免存在不足之處，懇請讀者批評、指正。

編 者

# 目 錄

**第一章 總論** ································ (1)
    要點總覽 ································ (1)
    重點難點 ································ (1)
    知識點梳理 ······························ (2)
    練習題 ·································· (6)
    參考答案 ································ (10)

**第二章 會計科目和帳戶** ···················· (12)
    要點總覽 ································ (12)
    重點難點 ································ (12)
    知識點梳理 ······························ (12)
    練習題 ·································· (13)
    參考答案 ································ (17)

**第三章 復式記帳** ·························· (19)
    要點總覽 ································ (19)
    重點難點 ································ (19)
    知識點梳理 ······························ (20)
    練習題 ·································· (24)
    參考答案 ································ (35)

**第四章 會計憑證** ·························· (43)
    要點總覽 ································ (43)
    重點難點 ································ (43)
    知識點梳理 ······························ (44)
    練習題 ·································· (46)
    參考答案 ································ (51)

**第五章 會計帳簿** ·························· (54)
    要點總覽 ································ (54)
    重點難點 ································ (55)
    知識點梳理 ······························ (55)
    練習題 ·································· (60)
    參考答案 ································ (67)

# 目 錄

**第六章 成本計算** ·········································· (70)
 要點總覽 ·············································· (70)
 重點難點 ·············································· (70)
 知識點梳理 ············································ (71)
 練習題 ················································ (73)
 參考答案 ·············································· (74)

**第七章 財產清查** ·········································· (75)
 要點總覽 ·············································· (75)
 重點難點 ·············································· (75)
 知識點梳理 ············································ (76)
 練習題 ················································ (79)
 參考答案 ·············································· (85)

**第八章 財務會計報告** ······································ (88)
 要點總覽 ·············································· (88)
 重點難點 ·············································· (88)
 知識點梳理 ············································ (89)
 練習題 ················································ (94)
 參考答案 ·············································· (103)

**第九章 帳務處理程序** ······································ (107)
 要點總覽 ·············································· (107)
 重點難點 ·············································· (107)
 知識點梳理 ············································ (107)
 練習題 ················································ (110)
 參考答案 ·············································· (115)

**第十章 帳戶體系** ·········································· (116)
 要點總覽 ·············································· (116)
 重點難點 ·············································· (117)
 知識點梳理 ············································ (117)
 練習題 ················································ (121)
 參考答案 ·············································· (124)

# 目　錄

**第十一章　會計工作組織** …………………………………（125）
　　要點總覽 ……………………………………………………（125）
　　重點難點 ……………………………………………………（126）
　　知識點梳理 …………………………………………………（126）
　　練習題 ………………………………………………………（129）
　　參考答案 ……………………………………………………（133）

**第十二章　會計信息系統** …………………………………（134）
　　要點總覽 ……………………………………………………（134）
　　重點難點 ……………………………………………………（134）
　　知識點梳理 …………………………………………………（135）
　　練習題 ………………………………………………………（136）
　　參考答案 ……………………………………………………（138）

# 第一章 總論

## 要點總覽

會計概述
- 會計的產生與發展
- 會計含義及特徵
- 會計職能
- 會計對象
- 會計目標
- 會計作用

會計信息質量要求
- 可靠性、相關性、可比性、可理解性
- 實質重於形式、重要性、謹慎性、及時性

會計基本假設：會計主體、持續經營、會計分期、貨幣計量

會計基礎：權責發生制、收付實現制

會計要素
- 反應財務狀況的要素：資產、負債、所有者權益
- 反應經營成果的要素：收入、費用、利潤

會計等式
- 基本會計等式
- 擴展會計等式

會計核算方法

會計準則體系
- 企業會計準則
- 小企業會計準則
- 事業單位會計準則

## 重點難點

重點
- 會計含義及特徵
- 會計職能及會計對象
- 會計基本假設與會計基礎
- 會計要素的確認
- 會計等式

難點 { 會計基本假設
會計要素的確認
會計信息質量要求
經濟業務對會計等式的影響

## 知識點梳理

表1　　　　　　　　　第一節　會計概述

| | | |
|---|---|---|
| 一、會計的產生與發展 | （一）會計的產生 | 會計就是人類生產活動發展到一定階段的產物 |
| | （二）會計的發展階段 | 1. 古代會計：有了專門會計機構和專門會計人員，採用單式記帳<br>2. 近代會計：復式簿記形成<br>3. 現代會計：會計處理的電算化、網路化；管理會計從財務會計中分離出來 |
| | （三）會計的含義 | 會計是以貨幣為主要計量單位，運用專門的方法，核算和監督一個單位經濟活動的一種經濟管理工作 |
| | （四）會計的特徵 | 1. 會計是一種經濟管理活動<br>2. 會計採用一系列專門的方法<br>3. 會計具有核算和監督的基本職能<br>4. 會計以貨幣作為主要計量單位 |
| 二、會計職能 | （一）會計基本職能 | 1. 會計核算職能：又稱會計反應職能，是指會計以貨幣為主要計量單位，對特定主體的經濟活動進行確認、計量和報告<br>2. 會計監督職能：又稱會計控制職能，是指會計機構和會計人員在進行會計核算的同時，對特定主體和相關會計核算的真實性、合法性和合理性進行審查 |
| | （二）會計擴展職能 | 1. 預測經濟前景<br>2. 參與經濟決策<br>3. 評價經營業績 |
| 三、會計對象 | （一）會計的一般對象 | 會計對象是指會計所核算和監督的內容，具體是指社會再生產過程中能夠以貨幣表現的經濟活動，即價值運動或資金運動 |
| | （二）會計的具體對象 | 企業的資金，是企業所擁有的各項財產物資的貨幣表現。企業的資金運動表現為資金投入、資金循環與週轉和資金退出三個過程 |
| 四、會計目標 | （一）向財務報告使用者提供決策有用的信息 | |
| | （二）反應企業管理層受託責任的履行情況 | |
| 五、會計的作用 | （一）會計有助於提供決策有用的信息，提高企業透明度，規範企業行為 | |
| | （二）會計有助於考核企業領導人經濟責任的履行情況 | |

表 2　　　　　　　　　第二節　會計信息質量要求

| | |
|---|---|
| 一、可靠性 | 以實際發生的交易或者事項為依據進行確認、計量和報告，如實反應符合確認和計量要求的各項會計要素及其他相關信息，保證會計信息真實可靠、內容完整 |
| 二、相關性 | 企業提供的會計信息應當與投資者等財務報告使用者的經濟決策需要相關，有助於投資者等財務報告使用者對企業過去、現在或者未來的情況作出評價或者預測 |
| 三、可理解性 | 企業提供的會計信息應當清晰明瞭，便於投資者等財務報告使用者理解和使用 |
| 四、可比性 | 可比性要求企業提供的會計信息應當相互可比。它主要包括兩層含義：同一企業不同時期可比；不同企業相同會計期間可比 |
| 五、實質重於形式 | 企業應當按照交易或者事項的經濟實質進行會計確認、計量和報告，不僅僅以交易或者事項的法律形式為依據 |
| 六、重要性 | 企業提供的會計信息應當反應與企業財務狀況、經營成果和現金流量有關的所有重要交易或者事項 |
| 七、謹慎性 | 企業對交易或者事項進行會計確認、計量和報告時保持應有的謹慎，不應高估資產或者收益，低估負債或者費用 |
| 八、及時性 | 企業對於已經發生的交易或者事項，應當及時進行確認、計量和報告，不得提前或者延後 |

表 3　　　　　　　　　第三節　會計基本假設與會計基礎

| | | |
|---|---|---|
| 一、會計基本假設 | (一) 會計主體 | 會計工作服務的特定對象，是企業會計確認、計量和報告的空間範圍。法律主體必然是會計主體，會計主體不一定是法律主體 |
| | (二) 持續經營 | 在可以預見的將來，企業將會按當前的規模和狀態繼續經營下去，不會停業，也不會大規模削減業務。會計確認、計量和報告應當以企業持續、正常的生產經營活動為前提 |
| | (三) 會計分期 | 將一個企業持續經營的生產經營活動劃分為一個個連續的、長短相同的期間。會計期間通常分為年度和中期 |
| | (四) 貨幣計量 | 會計主體在會計確認、計量和報告時以貨幣計量，反應會計主體的生產經營活動。業務收支以人民幣以外的貨幣為主的企業，可以選定某種外幣作為記帳本位幣進行會計核算，但是編製的財務報表應當折算為人民幣 |
| 二、會計基礎 | (一) 權責發生制 | 凡是當期已經實現的收入和已經發生或應當負擔的費用，無論款項是否收付，都應當作為當期的收入和費用，計入利潤表；凡是不屬於當期的收入和費用，即使款項已在當期收付，也不應當作為當期的收入和費用 |
| | (二) 收付實現制 | 收付實現制是與權責發生制相對應的一種會計基礎，是以收到或支付的現金作為確認收入和費用的依據 |

表 4　　　　　　　　　　第四節　會計要素

| 一、會計要素 | 含義 | | 是對會計對象進行的基本分類,是會計核算對象的具體化,是用於反應會計主體財務狀況、確定經營成果的基本單位 |
|---|---|---|---|
| | 分類 | 靜態要素 | 資產、負債和所有者權益 |
| | | 動態要素 | 收入、費用和利潤 |
| 二、會計要素的確認 | 資產 | 定義 | 是指企業過去的交易或者事項形成的、由企業擁有或者控制的、預期會給企業帶來經濟利益的資源 |
| | | 特徵 | (1) 資產預期會給企業帶來經濟利益<br>(2) 資產是企業擁有或者控制的資源<br>(3) 資產是由企業過去的交易或者事項形成的 |
| | | 確認條件 | (1) 與該資源有關的經濟利益很可能流入企業<br>(2) 該資源的成本或者價值能夠可靠地計量 |
| | | 分類 | 分為流動資產和非流動資產 |
| | 負債 | 定義 | 是指企業過去的交易或者事項形成的,預期會導致經濟利益流出企業的現時義務 |
| | | 特徵 | (1) 負債是企業承擔的現時義務<br>(2) 負債預期會導致經濟利益流出企業<br>(3) 負債是由企業過去的交易或者事項形成的 |
| | | 確認條件 | (1) 與該義務有關的經濟利益很可能流出企業<br>(2) 未來流出的經濟利益的金額能夠可靠地計量 |
| | | 分類 | 分為流動負債和非流動負債 |
| | 所有者權益 | 定義 | 是指企業資產扣除負債後,由所有者享有的剩餘權益。公司的所有者權益又稱為股東權益 |
| | | 確認條件 | (1) 所有者權益的確認主要依賴於其他會計要素,尤其是資產和負債的確認<br>(2) 所有者權益金額的確定主要取決於資產和負債的計量 |
| | | 分類 | 包括實收資本(或股本)、資本公積、其他綜合收益、盈餘公積和未分配利潤(盈余公積和未分配利潤又合稱為留存收益) |
| | 收入 | 定義 | 是指企業在日常活動中形成的、會導致所有者權益增加的、與所有者投入資本無關的經濟利益的總流入 |
| | | 特徵 | (1) 收入是企業在日常活動中形成的<br>(2) 收入是與所有者投入資本無關的經濟利益的總流入<br>(3) 收入會導致所有者權益的增加 |
| | | 確認條件 | (1) 與收入相關的經濟利益應當很可能流入企業<br>(2) 經濟利益流入企業的結果會導致資產增加或負債減少<br>(3) 經濟利益的流入額能夠可靠計量 |
| | | 分類 | 按重要性可以分為主營業務收入和其他業務收入 |
| | 費用 | 定義 | 是指企業在日常活動中發生的、會導致所有者權益減少的、與向所有者分配利潤無關的經濟利益的總流出 |
| | | 特徵 | (1) 費用是企業在日常活動中形成的<br>(2) 費用會導致所有者權益的減少<br>(3) 費用是與向所有者分配利潤無關的經濟利益的總流出 |
| | | 確認條件 | (1) 與費用相關的經濟利益應當很可能流出企業<br>(2) 經濟利益流出企業的結果會導致資產減少或負債增加<br>(3) 經濟利益的流出額能夠可靠計量 |
| | | 分類 | 分為生產費用與期間費用 |
| | 利潤 | 定義 | 是指企業在一定會計期間的經營成果 |
| | | 構成 | 包括收入減去費用後的淨額、直接計入當期利潤的利得和損失 |
| | | 確認條件 | (1) 利潤的確認主要依賴於收入和費用以及利得和損失的確認<br>(2) 金額的確定主要取決於收入、費用、利得、損失金額的計量 |

表4(續)

| 三、會計等式 | 基本會計等式 | 財務狀況要素構成的基本等式：資產＝負債＋所有者權益<br>經營成果要素構成的基本等式：收入－費用＝利潤 |
|---|---|---|
| | 擴展會計等式 | 資產＝負債＋所有者權益＋收入－費用 |
| 四、經濟業務對會計等式的影響 | (一) 經濟資源投入，資產與權益同時增加<br>(二) 經濟資源退出，資產與權益同時減少<br>(三) 資產內部變化，資產內部的項目此增彼減<br>(四) 權益內部變化，權益內部的項目此增彼減 | |

表5　　　　　　　　　　第五節　會計核算方法

| 一、設置帳戶 | 是對會計核算的具體內容進行分類核算和監督的一種專門方法 |
|---|---|
| 二、復式記帳 | 是對所發生的每項經濟業務，以相等的金額，同時在兩個或兩個以上相互聯繫的帳戶中進行登記的一種記帳方法 |
| 三、填製和審核憑證 | 記錄經濟業務，明確經濟責任，作為記帳依據的書面證明 |
| 四、登記會計帳簿 | 是以審核無誤的會計憑證為依據，在帳簿中連續地、完整地記錄各項經濟業務，以便為經濟管理提供完整、系統的會計核算資料 |
| 五、成本計算 | 是按照一定對象歸集和分配生產經營過程中發生的各種費用，以便確定該對象的總成本和單位成本的一種專門方法 |
| 六、財產清查 | 是通過盤點實物，核對帳目，以查明各項財產物資實有數的一種專門方法 |
| 七、編製會計報表 | 是以特定表格的形式，定期並總括地反應企業、行政事業單位的經濟活動情況和結果的一種專門方法 |

表6　　　　　　　　　　第六節　會計準則體系

| 一、企業會計準則 | 基本準則 | 指導具體準則的制定和為尚未有具體準則規範的會計實務問題提供處理原則 |
|---|---|---|
| | 具體準則 | 主要規範企業發生的具體交易或事項的會計處理，其具體內容可分為一般業務準則、特殊行業和特殊業務準則、財務報告準則三大類 |
| | 會計準則應用指南 | 對具體準則相關條款的細化和對有關重點難點問題提供操作性規範，還包括會計科目、主要帳務處理等 |
| | 企業會計準則解釋 | 主要針對企業會計準則實施中遇到的問題作出解釋 |
| 二、小企業會計準則 | 包括總則、資產、負債、所有者權益、收入、費用、利潤及利潤分配、外幣業務、財務報表、附則10章90條 | |
| 三、事業單位會計準則 | 包括總則、會計信息質量要求、資產、負債、淨資產、收入、支出或者費用、財務會計報告、附則9章49條 | |

# 練習題

## 一、單項選擇題

1. 下列關於復式簿記起源地的表述中，正確的是（　　）。
   A. 美國　　　　　　　　　B. 英國
   C. 中國　　　　　　　　　D. 義大利

2. 會計職能中最基本的職能是（　　）。
   A. 決策職能　　　　　　　B. 核算職能
   C. 分析職能　　　　　　　D. 預測職能

3. 下列不屬於工業企業資金循環與週轉過程的是（　　）。
   A. 供應過程　　　　　　　B. 生產過程
   C. 銷售過程　　　　　　　D. 向所有者分配現金股利

4. 下列同時具有會計主體和法律主體特徵的是（　　）。
   A. 合作夥伴　　　　　　　B. 個體工商戶
   C. 股份有限公司　　　　　D. 個人獨資企業

5. 「企業提供的會計信息與國家對經濟進行宏觀管理要求相關。」這一說法符合的會計信息質量要求是（　　）。
   A. 可比性　　　　　　　　B. 相關性
   C. 及時性　　　　　　　　D. 重要性

6. 建立在非清算基礎之上的會計基本假設是（　　）。
   A. 會計主體　　　　　　　B. 會計分期
   C. 持續經營　　　　　　　D. 貨幣計量

7. 《企業會計準則——基本準則》規定：「企業應當以實際發生的交易或者事項為依據進行會計確認、計量和報告，如實反應符合確認和計量要求的各項會計要素及其他相關信息，保證會計信息真實可靠、內容完整。」這一說法符合的會計信息質量要求是（　　）。
   A. 可靠性　　　　　　　　B. 可比性
   C. 相關性　　　　　　　　D. 及時性

8. 「會計事項的財務處理應當在當期內進行，不得拖延。」這一說法符合的會計信息質量要求是（　　）。
   A. 重要性　　　　　　　　B. 明晰性
   C. 及時性　　　　　　　　D. 可靠性

9. 《企業會計準則——基本準則》規定：「企業應當對其本身發生的交易或者事項進行會計確認、計量和報告。」這一說法符合的會計基本假設是（　　）。
   A. 會計分期　　　　　　　B. 會計主體
   C. 貨幣計量　　　　　　　D. 持續經營

10. 會計核算、監督服務的特定對象是（　　）。
    A. 會計主體　　　　　　　B. 合作夥伴
    C. 會計內容　　　　　　　D. 會計核算原則

11. 下列屬於會計主體，但不屬於法律主體的是（　　）。
    A. 行政機關　　　　　　　　B. 合夥企業
    C. 國有企業　　　　　　　　D. 中外合資企業

12. 「企業應當按照交易或事項的經濟實質進行會計核算，而不應當僅僅按照其法律形式作為會計核算的依據。」這一說法符合的會計信息質量要求是（　　）。
    A. 可比性　　　　　　　　　B. 重要性
    C. 相關性　　　　　　　　　D. 實質重於形式

13. 下列事項中，體現實質重於形式要求的是（　　）。
    A. 期末計提壞帳準備
    B. 固定資產計提折舊
    C. 企業收到代銷清單時確認收入
    D. 將融資租入資產作為自有資產進行核算

14. 下列屬於動態會計等式的是（　　）。
    A. 資產＝權益　　　　　　　B. 資產＝負債
    C. 收入－費用＝利潤　　　　D. 資產＝負債＋所有者權益

15. 我國內資企業會計核算的記帳本位幣是（　　）。
    A. 港元　　　　　　　　　　B. 外幣
    C. 人民幣　　　　　　　　　D. 澳門元

16. 下列項目中，屬於對會計對象進行基本分類的是（　　）。
    A. 會計要素　　　　　　　　B. 會計主體
    C. 會計科目　　　　　　　　D. 會計帳戶

17. 下列項目中，屬於會計要素中靜態要素的是（　　）。
    A. 資產、權益　　　　　　　B. 資產、利潤
    C. 收入、費用　　　　　　　D. 利潤、負債

18. 下列項目中，屬於會計要素中動態要素的是（　　）。
    A. 資產　　　　　　　　　　B. 負債
    C. 利潤　　　　　　　　　　D. 所有者權益

19. 下列項目中，屬於非流動負債的是（　　）。
    A. 應付股利　　　　　　　　B. 應付債券
    C. 應交稅費　　　　　　　　D. 短期借款

20. 下列項目中，屬於企業資產的是（　　）。
    A. 擬購入的空調　　　　　　B. 擬購入的原材料
    C. 經營租入的設備　　　　　D. 融資租入的設備

21. 下列項目中，屬於企業經營活動中形成的所有者權益的是（　　）。
    A. 股本　　　　　　　　　　B. 實收資本
    C. 資本公積　　　　　　　　D. 留存收益

22. 下列項目中，屬於企業收入的是（　　）。
    A. 代收增值稅　　　　　　　B. 代墊的運費
    C. 出租固定資產取得收入　　D. 出售固定資產取得收入

23. 下列關於所有者權益的表述中，正確的是（　　）。

A. 所有者權益是指企業資產扣除負債后由所有者享有的剩餘權益
B. 所有者權益是指企業資產扣除負債后由所有者享有的留存收益
C. 所有者權益是指企業資產扣除負債后由所有者享有的盈余公積
D. 所有者權益是指企業資產扣除負債后由所有者享有的未分配利潤

## 二、多項選擇題

1. 下列各項中，屬於日常生活中的計量單位有（　　）。
   A. 實物　　　　　　　　　　B. 時間
   C. 貨幣　　　　　　　　　　D. 體積
2. 下列關於會計監督職能的表述中，正確的有（　　）。
   A. 檢查各項財務是否及時支付了款項
   B. 檢查各項業務是否符合國家的有關法律法規
   C. 檢查各項業務是否執行了國家的各項方針政策
   D. 檢查各項財務收支時否符合單位的財務收支計劃
3. 下列各項中，屬於企業會計要素的有（　　）。
   A. 利潤　　　　　　　　　　B. 資產、負債
   C. 收入、費用　　　　　　　D. 淨資產、結余
4. 會計的本質有（　　）。
   A. 對一定單位的經濟事項進行確認　B. 對一定單位的經濟事項進行計量
   C. 對一定單位的經濟事項進行記錄　D. 對一定單位的經濟事項進行報告
5. 下列各項中，應按權責發生制原則確認收入、費用的有（　　）。
   A. 本月計提借款利息
   B. 本月賒銷產品取得收入
   C. 本月支付上月計提利息
   D. 本月現銷產品取得收入，貨款已存入銀行
6. 下列各項中，屬於會計主體的有（　　）。
   A. 分公司　　　　　　　　　B. 銷售部門
   C. 企業生產車間　　　　　　D. 母公司及其子公司組成的企業集團
7. 下列各項中，屬於我國會計分期的有（　　）。
   A. 月度　　　　　　　　　　B. 季度
   C. 年度　　　　　　　　　　D. 半年度
8. 下列各項中，屬於建立在持續經營基礎上的有（　　）。
   A. 收益確認　　　　　　　　B. 破產清算
   C. 計提固定資產折舊　　　　D. 資產按歷史成本計價
9. 下列各項中，符合可靠性要求的有（　　）。
   A. 保證會計資料真實、完整
   B. 各單位必須根據實際發生的經濟業務事項進行會計核算
   C. 單位負責人對本單位的會計工作的真實性、完整性負責
   D. 單位負責人對本單位的會計資料的真實性、完整性負責
10. 下列各項中，屬於及時性要求的內容有（　　）。

A. 會計資料具有可比性
B. 會計資料填寫應清楚、明白
C. 會計事項的財務處理應當在當期內進行，不得拖延
D. 會計報表應當在會計期間結束后於規定的日期內報送有關部門

11. 下列各項中，屬於謹慎性要求的內容有（　　）。
    A. 不得多計資產　　　　　　　B. 不得多計收益
    C. 不得計提秘密準備　　　　　D. 不得少計負債或費用

12. 下列各項中，屬於充分體現謹慎性要求的有（　　）。
    A. 預計負債　　　　　　　　　B. 預付帳款
    C. 存貨跌價準備　　　　　　　D. 無形資產減值準備

13. 下列關於可比性要求的表述中，正確的有（　　）。
    A. 不同企業發生的相同或者相似的交易或者事項，應當採用規定的會計政策，確保會計信息口徑一致
    B. 不同企業發生的相同或者相似的交易或者事項，應當採用規定的會計政策，確保會計信息口徑可比
    C. 不同企業發生的相同或者相似的交易或者事項，應當採用規定的會計政策，確保會計信息相互可比
    D. 不同企業發生的相同或者相似的交易或者事項，應當採用規定的會計政策，確保會計信息前後一致

14. 下列各項中，屬於反應財務狀況的會計帳戶有（　　）。
    A. 固定資產　　　　　　　　　B. 實收資本
    C. 長期借款　　　　　　　　　D. 主營業務收入

15. 下列各項中，屬於資產基本特徵的有（　　）。
    A. 資產是所有有形資產的總稱
    B. 資產是企業、公司擁有或控制
    C. 資產是由過去交易或事項所產生的
    D. 資產能夠給企業公司帶來未來經濟利益

16. 下列各項中，屬於會計等式的有（　　）。
    A. 資產＝權益
    B. 資產＋所有者權益＝負債
    C. 收入－費用＝利潤
    D. 資產＝負債＋所有者權益＋收入－費用

三、判斷題

1. 會計的對象是指會計所核算和監督的內容。（　　）
2. 《企業會計準則——基本準則》規定，利潤包括收入減去費用后的淨額、直接計入當期利潤的利得和損失。（　　）
3. 會計監督是會計核算的基礎。（　　）
4. 資產是指企業擁有的各項經濟資源。（　　）
5. 經濟業務事項無論是採用實物計量還是勞動計量，最終都要用貨幣來提供綜合

的價值指標。                                                    (    )

 6. 會計主體必然是法律主體，但是法律主體不一定是會計主體。         (    )

 7. 《企業會計準則——基本準則》規定：「企業對於已經發生的交易或者事項，應當及時進行會計確認、計量和報告，不得提前或者延後。」                 (    )

 8. 凡是特定主體能夠用貨幣表現的經濟活動都是會計核算和監督的內容。   (    )

 9. 「持續經營」就是假設企業不會破產清算。                        (    )

 10. 一個企業內部單獨核算的部門無法成為獨立的會計主體。            (    )

 11. 會計主體假設確立了會計核算的空間範圍。                       (    )

 12. 資產按歷史成本計價是以持續經營假設為基礎的。                 (    )

 13. 中期財務報告是指以一個完整的會計年度的報告期間為基礎編製的財務報告。                                                       (    )

 14. 《企業會計準則——基本準則》規定：「企業提供的會計信息應當清晰明瞭，便於會計信息使用者理解和使用。」                             (    )

 15. 實質重於形式原則是指企業應當按照交易或事項的經濟實質進行會計核算，而不應該僅僅按照它們的法律形式作為會計核算的依據。              (    )

 16. 根據收付實現制原則，凡是不屬於當期的收入和費用，即使款項已在當期收付，也不應當作為當期的收入和費用。                             (    )

 17. 《企業會計準則——基本準則》規定：「同一企業不同時期發生的相同或者相似的交易或者事項，應當採用一致的會計政策，不得隨意變更。確須變更的，應當在附註中說明。」                                         (    )

 18. 在企業進行清算時，債權人權益和所有者權益一併清償。            (    )

 19. 《企業會計準則——基本準則》規定：「企業提供的會計信息應當反應與企業財務狀況、經營成果和現金流量等有關的重要交易或者事項。」         (    )

 20. 重要性原則要求，對於次要的會計事項，在不影響會計信息真實性和不至於誤導財務會計報告使用者作出正確判斷的前提下可簡化會計處理。      (    )

 21. 資產和所有者權益在數量上始終是相等的。                       (    )

 22. 《企業會計準則——基本準則》規定：「企業應當以收付實現制為基礎進行會計確認、計量和報告。」                                   (    )

## 參考答案

### 一、單項選擇題

| 1. D | 2. B | 3. D | 4. C | 5. B | 6. C |
| 7. A | 8. C | 9. B | 10. A | 11. B | 12. D |
| 13. D | 14. C | 15. C | 16. A | 17. A | 18. C |
| 19. B | 20. D | 21. D | 22. C | 23. A | |

### 二、多項選擇題

| 1. ABCD | 2. BCD | 3. ABC | 4. ABD | 5. ABD | 6. ABCD |
| 7. ABCD | 8. ACD | 9. AB | 10. CD | 11. ABCD | 12. ACD |

13. AC    14. ABC    15. BCD    16. ACD

三、判斷題

1. √     2. √     3. ×     4. ×     5. √     6. ×
7. √     8. √     9. ×     10. ×    11. √    12. √
13. ×    14. √    15. √    16. ×    17. √    18. ×
19. √    20. √    21. ×    22. ×

# 第二章 會計科目和帳戶

## 要點總覽

會計科目 ⎰ 概念
　　　　 ⎨ 意義
　　　　 ⎩ 分類 ⎰ 按其所提供信息的詳細程度及其統馭關係分類
　　　　　　　　⎩ 按其所歸屬的會計要素不同分類

帳戶 ⎰ 概念
　　 ⎨ 分類 ⎰ 按其所提供信息的詳細程度及其統馭關係分類
　　 ⎪　　　⎨ 按其所歸屬的會計要素不同分類
　　 ⎪　　　⎩ 按用途結構分類
　　 ⎨ 基本結構
　　 ⎩ 帳戶與會計科目的聯繫和區別

## 重點難點

重點 ⎰ 會計科目的概念和分類
　　 ⎨ 帳戶的基本概念及結構
　　 ⎩ 帳戶與會計科目的聯繫和區別

難點 ⎰ 帳戶的基本概念及結構
　　 ⎩ 帳戶與會計科目的聯繫和區別

## 知識點梳理

表1　　　　　　　　　　第一節　會計科目

| 一、會計科目的概念 | 會計科目是指對會計要素的具體內容進行分類核算與控制的項目 |
|---|---|
| 二、會計科目的分類 | 1. 會計科目按其所反應的經濟內容不同，分為資產類、負債類、所有者權益類、成本類、損益類等科目<br>2. 會計科目按其提供信息的詳細程度及其統馭關係不同，分為總分類科目和明細分類科目 |

表1(續)

| 三、會計科目的意義 | 1. 會計科目是復式記帳的基礎<br>2. 會計科目是編製記帳憑證的基礎<br>3. 會計科目為成本計算與財產清查提供了前提條件<br>4. 會計科目為編製會計報表提供了方便 |
|---|---|

表2　　　　　　　　　　第二節　會計帳戶

| 一、會計帳戶的概念 | 會計帳戶是根據會計科目設置的，具有一定格式和結構，用於分類記錄經濟業務發生情況的一種專門工具 |
|---|---|
| 二、會計帳戶的基本結構 | 1. 會計帳戶基本結構指增加和減少的方向<br>2. 會計帳戶的基本結構一般分為左右兩方，一方反應會計要素的增加，另一方反應會計要素的減少。至於哪一方登記增加，哪一方登記減少，取決於經濟業務和各個帳戶的性質以及所採用的記帳方法<br>3. 會計帳戶的四個核算指標基本關係如下：<br>期末余額＝期初余額+本期增加發生額-本期減少發生額 |
| 三、會計帳戶的分類 | 1. 按其所反應的經濟內容不同分為資產類帳戶、負債類帳戶、所有者權益類帳戶、成本類帳戶、損益類帳戶等<br>2. 按其所提供信息的詳細程度及其統馭關係不同分為總分類帳戶（簡稱總帳帳戶或總帳）和明細分類帳戶（簡稱明細帳） |
| 四、會計帳戶的意義 | 1. 會計帳戶是反應會計對象具體內容的方法<br>2. 會計帳戶是進行會計核算的基礎<br>3. 會計帳戶是加強會計主體內部控制與管理的手段<br>4. 會計帳戶是規範國民經濟核算的工具 |
| 五、會計帳戶與會計科目的聯繫和區別 | 1. 聯繫：會計科目與會計帳戶都是對會計對象具體內容的分類，兩者口徑一致，性質相同，會計科目是會計帳戶的名稱，也是設置會計帳戶的依據，會計帳戶是會計科目的具體運用<br>2. 區別：會計科目僅僅是會計帳戶的名稱，不存在結構；而會計帳戶則具有一定的格式和結構 |

## 練習題

### 一、單項選擇題

1. 總分類會計科目設置的依據是（　　）。
   A. 企業管理的需要　　　　B. 會計核算的需要
   C. 經濟業務的種類不同　　D. 統一的會計法規制度的規定
2. 對會計要素的具體內容進行分類核算的項目是（　　）。
   A. 經濟業務　　　　　　　B. 會計科目
   C. 會計帳戶　　　　　　　D. 會計信息
3. 會計科目和帳戶之間的聯繫是（　　）。
   A. 二者互不相關　　　　　B. 二者格式相同
   C. 二者結構相同　　　　　D. 二者核算內容相同
4. 除損益類帳戶外，下列關於帳戶期末余額方向的表述中，正確的是（　　）。
   A. 一個帳戶的增加發生額與該帳戶的期末余額方向都在借方
   B. 一個帳戶的減少發生額與該帳戶的期末余額方向都在貸方

C. 一個帳戶的增加發生額一般與該帳戶的期末余額方向相同

D. 一個帳戶的增加發生額一般與該帳戶的期末余額方向相反

5. 總分類科目和明細分類科目的分類標準是（　　）。

　　A. 按反應的會計對象不同分類

　　B. 按反應的經濟業務不同分類

　　C. 按歸屬的會計要素不同分類

　　D. 按提供信息的詳細程度及其統馭關係不同分類

6. 下列項目中，屬於損益類帳戶的是（　　）。

　　A. 應交稅費　　　　　　　　B. 財務費用

　　C. 製造費用　　　　　　　　D. 利潤分配

7. 在借貸記帳法下，帳戶哪一方登記增加，哪一方登記減少的判斷依據是（　　）。

　　A. 所記金額的大小　　　　　B. 開設帳戶時間的長短

　　C. 所記經濟業務的重要程度　D. 所記錄的經濟業務和帳戶性質

8. 根據會計科目設置，具有一定格式和結構，用於分類反應會計要素增減變動情況及其結果的載體的是（　　）。

　　A. 會計帳戶　　　　　　　　B. 會計對象

　　C. 會計要素　　　　　　　　D. 會計信息

9. 用來對會計要素具體內容進行明細分類核算的帳戶是（　　）。

　　A. 總帳帳戶　　　　　　　　B. 明細帳戶

　　C. 備查帳戶　　　　　　　　D. 綜合帳戶

10. 用於對會計要素具體內容進行總括分類核算的帳戶是（　　）。

　　A. 總帳帳戶　　　　　　　　B. 明細帳戶

　　C. 備查帳戶　　　　　　　　D. 綜合帳戶

11. 下列帳戶中，期末結轉后一般無余額的是（　　）。

　　A. 利潤分配　　　　　　　　B. 生產成本

　　C. 管理費用　　　　　　　　D. 應付帳款

12. 下列關於會計科目與帳戶關係的表述中，不正確的是（　　）。

　　A. 兩者口徑一致，性質相同

　　B. 帳戶是設置會計科目的依據

　　C. 沒有帳戶，就無法發揮會計科目的作用

　　D. 會計科目不存在結構，而帳戶則具有一定的格式和結構

13. 某帳戶的期初余額為600元，期末余額為2,000元，本期減少發生額為1,000元，則本期增加發生額為（　　）元。

　　A. 2,300　　　　　　　　　　B. 2,400

　　C. 1,700　　　　　　　　　　D. 3,600

14. 負債類帳戶的期末余額反應的是（　　）。

　　A. 負債的結存情況　　　　　B. 負債的增減變動

　　C. 權益的結存情況　　　　　D. 負債的形成和償付

15. 會計科目與帳戶的本質區別是（　　）。

A. 反應的經濟內容不同

B. 記錄資產和權益的內容不同

C. 記錄資產和權益的方法不同

D. 會計帳戶有結構，而會計科目無結構

## 二、多項選擇題

1. 下列關於帳戶余額計算的表述中，正確的有（　　）。
   A. 期初余額＝本期增加發生額－本期減少發生額＋期末余額
   B. 期末余額＝期初余額＋本期增加發生額－本期減少發生額
   C. 期初余額＝期末余額－本期增加發生額＋本期減少發生額
   D. 期初余額＝本期增加發生額－期末余額－本期減少發生額

2. 下列項目中，屬於資產類科目的有（　　）。
   A. 原材料　　　　　　　　　B. 預付帳款
   C. 預收帳款　　　　　　　　D. 短期借款

3. 下列項目中，屬於負債類科目的有（　　）。
   A. 短期借款　　　　　　　　B. 應收帳款
   C. 應付帳款　　　　　　　　D. 應交稅費

4. 下列項目中，屬於所有者權益類科目的有（　　）。
   A. 實收資本　　　　　　　　B. 盈余公積
   C. 利潤分配　　　　　　　　D. 主營業務收入

5. 下列項目中，屬於成本類會計科目的有（　　）。
   A. 生產成本　　　　　　　　B. 管理費用
   C. 製造費用　　　　　　　　D. 主營業務成本

6. 下列項目中，屬於損益類科目的有（　　）。
   A. 管理費用　　　　　　　　B. 財務費用
   C. 主營業務收入　　　　　　D. 主營業務成本

7. 下列項目中，帳戶基本結構包括的主要內容有（　　）。
   A. 帳戶的名稱　　　　　　　B. 增減金額及余額
   C. 記帳憑證的編號　　　　　D. 經濟業務的摘要

8. 下列關於帳戶的表述中，正確的有（　　）。
   A. 帳戶具有一定格式和結構
   B. 帳戶是根據會計要素開設的
   C. 成本類帳戶期末一般無余額
   D. 設置帳戶是會計核算的重要方法之一

9. 下列各項中，屬於流動負債的有（　　）。
   A. 預付帳款　　　　　　　　B. 應付債券
   C. 預收帳款　　　　　　　　D. 其他應付款

10. 下列項目中，屬於本期發生額的有（　　）。
    A. 期初余額　　　　　　　　B. 期末余額
    C. 本期減少額　　　　　　　D. 本期增加額

11. 下列經濟業務中，涉及兩個資產帳戶有（　　）。
    A. 從銀行提取現金　　　　　　　B. 以銀行存款購買原材料
    C. 以銀行存款歸還前欠貨款　　　D. 收到其他單位還來前欠貨款
12. 下列關於會計科目與帳戶間的關係表述中，正確的有（　　）。
    A. 兩者口徑一致，性質相同
    B. 帳戶是會計科目的具體運用
    C. 沒有會計科目，帳戶就失去了設置的依據
    D. 在實際工作中，會計科目和帳戶是相互通用的
13. 下列關於帳戶的表述中，正確的有（　　）。
    A. 所有總帳都要設置明細帳　　　B. 帳戶和會計科目性質相同
    C. 帳戶有一定的格式和結構　　　D. 帳戶是根據會計科目開設的
14. 下列關於明細分類科目的表述中，正確的有（　　）。
    A. 明細分類科目也稱一級會計科目
    B. 明細分類科目是對總分類科目作進一步分類的科目
    C. 明細分類科目是能提供更詳細、更具體會計信息的科目
    D. 明細分類科目是對會計要素具體內容進行總括分類的科目

### 三、判斷題

1. 會計科目是帳戶的名稱，帳戶是會計科目的載體和具體運用。（　　）
2. 預收帳款屬於資產類帳戶。（　　）
3. 主營業務成本屬於成本類科目。（　　）
4. 銷售費用、管理費用屬於損益類科目。（　　）
5. 製造費用屬於損益類科目。（　　）
6. 企業應按國家統一的會計制度規定設置一級會計科目。（　　）
7. 總分類科目與其所屬的明細分類科目的核算內容相同，但前者提供的信息比后者更加總括。（　　）
8. 對會計科目的具體內容進行分類核算的項目稱為會計要素。（　　）
9. 會計科目和會計帳戶的口徑一致，性質相同，所以在實際工作中，會計科目和帳戶是互相通用的。（　　）
10. 設置帳戶的依據是會計要素。（　　）

### 四、業務題

20×5年邕桂公司有關業務如表3所示。

表3　　　　　　　　　　邕桂公司有關業務

| 經濟內容 | 是否屬於會計核算和監督的內容 |
| --- | --- |
| 1. 企業向銀行借入期限在一年以內的借款50,000元 |  |
| 2. 因購買材料而應付給供應方的款項10,000元 |  |
| 3. 投資者投入企業的資本20,000元 |  |

表3(續)

| 經濟內容 | 是否屬於會計核算和監督的內容 |
|---|---|
| 4. 銷售部門收到銷售訂單 120,000 元 | |
| 5. 存放在出納處的庫存現金 1,000 元 | |
| 6. 企業在銷售商品時發生的費用 6,000 元 | |
| 7. 應交的各種稅金 15,000 元 | |
| 8. 總經理與供貨商就下月材料供應簽訂 40,000 元意向 | |
| 9. 企業應付給職工的工資 20,000 元 | |
| 10. 供應部門簽訂一筆購貨合同,支付定金 20,000 元 | |

要求：判斷表中的業務內容是否屬於會計核算和監督的業務內容。

# 參考答案

## 一、單項選擇題

1. B   2. B   3. D   4. C   5. D   6. B
7. D   8. A   9. B   10. A   11. C   12. B
13. B   14. A   15. D

## 二、多項選擇題

1. BC   2. AB   3. ACD   4. ABC   5. AC   6. ABCD
7. ABCD   8. AD   9. CD   10. CD   11. ABD   12. ABCD
13. BCD   14. BC

## 三、判斷題

1. √   2. ×   3. ×   4. √   5. ×   6. √
7. √   8. ×   9. √   10. ×

## 四、業務題

表4　　　　　　　　邕桂公司有關業務

| 經濟內容 | 會計核算和監督的事項 |
|---|---|
| 1. 企業向銀行借入期限在一年以內的借款 50,000 元 | 是 |
| 2. 因購買材料而應付給供應方的款項 10,000 元 | 是 |
| 3. 投資者投入企業的資本 20,000 元 | 是 |
| 4. 銷售部門收到銷售訂單 120,000 元 | 否 |
| 5. 存放在出納處的庫存現金 1,000 元 | 是 |
| 6. 企業在銷售商品時發生的費用 6,000 元 | 是 |

表4(續)

| 經濟內容 | 會計核算和監督的事項 |
|---|---|
| 7. 應交的各種稅金15,000元 | 是 |
| 8. 總經理與供貨商就下月材料供應簽訂40,000元意向 | 否 |
| 9. 企業應付給職工的工資20,000元 | 是 |
| 10. 供應部門簽訂一筆購貨合同，支付定金20,000元 | 是 |

# 第三章 複式記帳

## 要點總覽

記帳方法 { 單式記帳法
         複式記帳法

複式記帳法 { 複式記帳法的概念
           複式記帳法的基本原理
           複式記帳法的種類

借貸記帳法 { 借貸記帳法的基本原理
           會計分錄
           對應關係及對應帳戶

借貸記帳法的應用 { 籌資業務的核算
                 供應業務的核算
                 生產業務的核算
                 銷售業務的核算
                 利潤形成及分配業務的核算

## 重點難點

重點 { 複式記帳法的概念、原理和種類
     借貸記帳法的基本原理
     會計分錄
     借貸記帳法在企業中的運用

難點 { 借貸記帳法的基本原理
     借貸記帳法在企業中的運用

## 知識點梳理

表1　　　　　　　　　第一節　單式記帳法

| 一、記帳方法 | 是將經濟業務產生的經濟數據記錄到會計帳戶中的方法 ||
|---|---|---|
| 二、單式記帳法 | 概念 | 是對發生的每一項經濟業務，只在一個帳戶中加以登記的一種記帳方法 |
| | 缺點 | 1. 反應的會計對象不完整<br>2. 不能全面反應經濟業務的變化情況<br>3. 沒有完整科學的帳戶和帳戶體系<br>4. 沒有相互對應關係的核對功能，發生錯誤難以辨認和查找 |
| | 適用範圍 | 只在簡單經濟條件下應用 |

表2　　　　　　　　　第二節　復式記帳法

| 一、概念 | 概念 | 是指對每一項經濟業務，都必須用相等的金額在兩個或兩個以上相互聯繫的帳戶中進行登記，全面系統反應會計要素增減變化的一種記帳方法 |
|---|---|---|
| | 優點 | 1. 可以瞭解每一項經濟業務的來龍去脈，而且當全部經濟業務都相互聯繫地登記入帳之後，通過帳戶記錄，就能夠完整、系統地反應出經濟活動的過程和結果<br>2. 可對帳戶記錄結果進行試算平衡，以檢查帳戶記錄是否正確和完整 |
| 二、基本原理 || 復式記帳法以價值運動和會計等式為理論基礎。會計核算和監督的內容是能夠用貨幣表現的經濟活動，而任何一項經濟活動的發生都會涉及資金的來源和去向，涉及相互聯繫的各個方面。每一筆經濟業務的數量關係可以從兩個方面去反應，會引起會計等式兩邊同時增加或同時減少，或者引起會計等式一邊一個項目增加，另一個項目減少。為此，必須以相等的金額在兩個或兩個以上相關帳戶中作等額的雙重記錄，以便全面反應經濟活動存在的這種相互依存的內在聯繫。復式記帳法一般包括帳戶設置與結構、記帳符號、記帳規則和平衡公式四項基本內容 |
| 三、種類 || 1. 借貸記帳法　2. 收付記帳法　3. 增減記帳法 |

表3　　　　　　　　第三節　借貸記帳法的基本理論

| 一、借貸記帳法的歷史沿革 || 1. 借貸記帳法起源於12世紀末或13世紀初義大利的北方城市<br>2. 借貸記帳法正式傳入我國始於1905年（清光緒三十一年） |
|---|---|---|
| 二、借貸記帳法的基本原理 | 記帳符號 | 以「借」「貸」作為記帳符號 |
| | 帳戶結構 | 借貸記帳法下的帳戶左方為「借方」，帳戶右方為「貸方」由於帳戶的性質不同，其「借方」和「貸方」反應的經濟業務變動情況不同，其帳戶結構也不同 |
| | 記帳規則 | 「有借必有貸、借貸必相等」 |
| | 試算平衡 | $\Sigma$全部帳戶借方發生額 = $\Sigma$全部帳戶貸方發生額<br>$\Sigma$全部帳戶期初借方餘額 = $\Sigma$全部帳戶期初貸方餘額<br>$\Sigma$全部帳戶期末借方餘額 = $\Sigma$全部帳戶期末貸方餘額 |

表3(續)

| | | |
|---|---|---|
| 三、會計分錄 | 含義 | 是對每項經濟業務列示出應借、應貸的帳戶名稱及其金額的一種記錄。會計分錄應包括記帳方向（借方或貸方）、帳戶名稱（會計科目）和金額三要素 |
| | 分類 | 1. 簡單分錄：一借一貸<br>2. 複合分錄：一借多貸、多借一貸以及多借多貸 |
| | 編製步驟 | 1. 分析經濟業務涉及哪些帳戶<br>2. 分析所涉及的帳戶是什麼性質的，即屬於哪一類的帳戶，是資產類還是權益類帳戶<br>3. 分析哪個帳戶發生了增加，哪個帳戶發生了減少<br>4. 根據借貸記帳法的記帳符號確定應記入帳戶的借方還是貸方<br>5. 按照要求寫出會計分錄，然后觀察借貸金額是否相等 |
| 四、對應關係與對應帳戶 | | 在復式記帳法下，要求對每一項經濟業務都在兩個或兩個以上帳戶中進行登記，這樣所記帳戶之間就形成了一定的聯繫，帳戶之間的這種相互依存關係，稱為帳戶的對應關係。構成對應關係的帳戶，稱為對應帳戶 |

表4　第四節　借貸記帳法在企業中的應用（1）借貸記帳法在籌資過程中的應用

| 項目 | 主要經濟業務 | 帳務處理 |
|---|---|---|
| （一）投入資本的核算 | 1. 接受貨幣資產投資 | 借：銀行存款<br>　貸：實收資本 |
| | 2. 接受非貨幣資產投資 | 借：固定資產等<br>　貸：實收資本 |
| （二）借入資金的核算 | 1. 取得短期借款 | 借：銀行存款<br>　貸：短期借款 |
| | 2. 計提短期借款利息 | 借：財務費用<br>　貸：應付利息 |
| | 3. 支付利息 | 借：應付利息<br>　貸：銀行存款 |
| | 4. 還本付息 | 借：短期借款<br>　　應付利息<br>　　財務費用<br>　貸：銀行存款 |

表5　第四節　借貸記帳法在企業中的應用（2）借貸記帳法在供應過程中的應用

| 主要經濟業務 | 帳務處理 |
|---|---|
| （一）「料到付款」的核算 | 借：原材料<br>　　應交稅費——應交增值稅（進項稅額）<br>貸：銀行存款 |
| （二）「已付款料未到」的核算　1. 先付款，料未到時 | 借：在途物資<br>　　應交稅費——應交增值稅（進項稅額）<br>貸：銀行存款 |
| 　2. 料到驗收入庫時 | 借：原材料<br>　貸：在途物資 |

表5(續)

| 主要經濟業務 | 帳務處理 ||
|---|---|---|
| (三)「料到單到未付款」的核算 | 1. 料到入庫未付款 | 借：原材料<br>　　應交稅費——應交增值稅（進項稅額）<br>貸：應付帳款、應付票據 |
| | 2. 實際付款時 | 借：應付帳款、應付票據<br>貸：銀行存款 |
| (四) 預付料款的核算 | 1. 預付貨款時 | 借：預付帳款<br>貸：銀行存款 |
| | 2. 收到訂購的材料 | 借：原材料<br>　　應交稅費——應交增值稅（進項稅額）<br>貸：預付帳款 |
| | 3. 補付貨款時 | 借：預付帳款<br>貸：銀行存款<br>（註：收到退回的貨款，作相反分錄） |

表6　第四節　借貸記帳法在企業中的應用（3）借貸記帳法在生產過程中的應用

| (一) 材料費用的核算 | 借：生產成本（生產產品領用）<br>　　製造費用（生產車間領用）<br>　　管理費用（行政管理部門領用）<br>貸：原材料 ||
|---|---|---|
| (二) 人工費用的核算 | 1. 分配結轉職工薪酬費用 | 借：生產成本（生產產品工人工資）<br>　　製造費用（生產車間人員工資）<br>　　管理費用（行政管理部門人員工資）<br>貸：應付職工薪酬 |
| | 2. 實際支付職工薪酬 | 借：應付職工薪酬<br>貸：銀行存款 |
| (三) 折舊費用的核算 | 借：製造費用（生產用設備折舊）<br>　　管理費用（非生產用設備折舊）<br>貸：累計折舊 ||
| (四) 其他費用的核算 | 借：製造費用<br>　　管理費用<br>貸：銀行存款 ||
| (五) 結轉製造費用的核算 | 借：生產成本——某產品<br>貸：製造費用 ||
| (六) 結轉完工產品製造成本的核算 | 借：庫存商品——某產品<br>貸：生產成本——某產品 ||

表 7　　第四節　借貸記帳法在企業中的應用（4）借貸記帳法在銷售過程中的應用

| | | |
|---|---|---|
| （一）產品銷售收入的核算 | 1. 實現銷售收入同時收取款項的核算 | 借：銀行存款<br>　　貸：主營業務收入——某產品<br>　　　　應交稅費——應交增值稅（銷項稅額） |
| | 2. 實現銷售收入尚未收到款項的核算 | （1）銷售產品暫未收到款時<br>借：應收帳款、應收票據<br>　　貸：主營業務收入——某產品<br>　　　　應交稅費——應交增值稅（銷項稅額）<br>（2）實際收款時<br>借：銀行存款<br>　　貸：應收帳款、應收票據 |
| | 3. 預收貨款銷售的核算 | （1）預收貨款時<br>借：銀行存款<br>　　貸：預收帳款<br>（2）發出商品時<br>借：預收帳款<br>　　貸：主營業務收入——某產品<br>　　　　應交稅費——應交增值稅（銷項稅額）<br>（3）收到補付的貨款時<br>借：銀行存款<br>　　貸：預收帳款<br>（註：退回多收的貨款，作相反分錄） |
| （二）結轉已售產品製造成本的核算 | | 借：主營業務成本——某產品<br>　　貸：庫存商品——某產品 |
| （三）其他業務的核算 | 1. 其他業務收入的核算 | 借：銀行存款<br>　　貸：其他業務收入——某材料<br>　　　　應交稅費——應交增值稅（銷項稅額） |
| | 2. 結轉其他業務成本的核算 | 借：其他業務成本——某材料<br>　　貸：原材料——某材料 |
| （四）銷售費用的核算 | | 借：銷售費用<br>　　貸：銀行存款 |
| （五）營業稅金及附加的核算 | | 借：營業稅金及附加<br>　　貸：應交稅費——應交××稅 |

表 8　　第四節　借貸記帳法在企業中的應用（5）借貸記帳法在利潤形成及分配過程中的應用

| | | |
|---|---|---|
| （一）營業外收支的核算 | 1. 營業外收入的核算 | 借：銀行存款<br>　　貸：營業外收入 |
| | 2. 營業外支出的核算 | 借：營業外支出<br>　　貸：銀行存款 |

表8(續)

| | | |
|---|---|---|
| (二) 本年利潤的核算 | 1. 結轉各收益類帳戶的淨發生額 | 借：主營業務收入<br>　　其他業務收入<br>　　投資收益<br>　　營業外收入<br>　貸：本年利潤 |
| | 2. 結轉各成本、費用、損失類帳戶的淨發生額 | 借：本年利潤<br>　貸：主營業務成本<br>　　其他業務成本<br>　　營業稅金及附加<br>　　銷售費用<br>　　管理費用<br>　　財務費用<br>　　營業外支出 |
| (三) 所得稅的核算 | 1. 計提應交所得稅 | 借：所得稅費用<br>　貸：應交稅費——應交所得稅 |
| | 2. 將「所得稅費用」轉入「本年利潤」 | 借：本年利潤<br>　貸：所得稅費用 |
| (四) 利潤分配的核算 | 1. 將本年實現的淨利潤轉入「利潤分配」 | 借：本年利潤<br>　貸：利潤分配——未分配利潤 |
| | 2. 提取盈余公積 | 借：利潤分配——提取××盈余公積<br>　貸：盈余公積——提取××盈余公積 |
| | 3. 向投資者分配利潤 | 借：利潤分配——應付現金股利<br>　貸：應付股利 |
| | 4. 將已分配的利潤轉入「利潤分配——未分配利潤」 | 借：利潤分配——未分配利潤<br>　貸：利潤分配——提取××盈余公積<br>　　　　　　——應付現金股利 |

# 練習題

## 一、單項選擇題

1. 在借貸記帳法下，下列各項中應登記在帳戶貸方的是（　　）。
   A. 所有者權益的減少　　　　　　　B. 費用的增加或收入的減少
   C. 資產的增加或負債的減少　　　　D. 資產的減少或負債的增加

2. 某企業經計算年底應交所得稅 10,000 元，下列會計分錄正確的是（　　）。
   A. 借：利潤分配　　　　　　　　　　　　　　　　　　10,000
   　　　貸：應交稅費——應交所得稅　　　　　　　　　　　　10,000
   B. 借：未分配利潤　　　　　　　　　　　　　　　　　10,000

            貸：應交稅費——應交所得稅　　　　　　　　　　　　10,000
        C. 借：所得稅費用　　　　　　　　　　　　　　　　　　10,000
            貸：應交稅費——應交所得稅　　　　　　　　　　　　10,000
        D. 借：應交稅費——應交所得稅　　　　　　　　　　　　10,000
            貸：銀行存款　　　　　　　　　　　　　　　　　　10,000
3. 某企業上月末銀行存款余額為150,000元，本月從銀行提取現金2,000元；向銀行借入短期借款100,000元，已存入銀行；以銀行存款歸還前欠貨款150,000元；收到東風工廠前欠貨款40,000元，已存入銀行；以銀行存款支付廣告費20,000元。假設不考慮其他因素，月末銀行存款余額為（　　）元。
    A. 128,000　　　　　　　　　　B. 118,000
    C. 120,000　　　　　　　　　　D. 132,000
4. 某企業以銀行存款償還銀行短期借款，應編製的會計分錄是（　　）。
    A. 借：短期借款
        貸：銀行存款
    B. 借：銀行存款
        貸：短期借款
    C. 借：應付帳款
        貸：銀行存款
    D. 借：銀行存款
        貸：應付帳款
5. 企業計提本月銀行短期借款利息，應編製的會計分錄是（　　）。
    A. 借：管理費用
        貸：應付利息
    B. 借：應付利息
        貸：管理費用
    C. 借：財務費用
        貸：應付利息
    D. 借：財務費用
        貸：短期借款
6. 企業結轉完工入庫產品成本，應編製的會計分錄是（　　）。
    A. 借：生產成本
        貸：製造費用
    B. 借：庫存商品
        貸：生產成本
    C. 借：生產成本
        貸：庫存商品
    D. 借：庫存商品
        貸：製造費用
7. 應收帳款期初借方余額為80,000元，本期借方發生應收帳款10,000元，期末尚有借方余額50,000元。假設不考慮其他因素，該企業本月收回的應收帳款為

（　　）元。

  A. 40,000        B. 20,000

  C. 70,000        D. 30,000

 8. 某企業月初所有者權益總額為50萬元，本月接受外單位投資10萬元，各項收入80萬元，各項費用（含所得稅費用）60萬元，提取盈余公積2萬元。假設不考慮其他因素，該企業月末所有者權益總額為（　　）萬元。

  A. 60          B. 82

  C. 80          D. 78

 9. 下列關於負債帳戶期末余額計算公式的表述中，正確的是（　　）。

  A. 期末余額＝期初貸方余額＋本期借方發生額－本期貸方發生額

  B. 期末余額＝期初借方余額＋本期貸方發生額－本期借方發生額

  C. 期末余額＝期初借方余額＋本期增加發生額－本期減少發生額

  D. 期末余額＝期初貸方余額＋本期貸方發生額－本期借方發生額

 10.「應付利息」帳戶的期初余額為貸方30,000元，本期借方發生額20,000元，貸方發生額5,000元。假設不考慮其他因素，則該帳戶的期末余額為（　　）元。

  A. 借方余額15,000      B. 借方余額5,000

  C. 貸方余額15,000      D. 貸方余額25,000

 11. 關於「本年利潤」帳戶，下列說法不正確的是（　　）。

  A. 借方余額表示計算期內的淨虧損

  B. 貸方登記計算期內的各項收益數額

  C. 貸方余額表示計算期內的利潤總額

  D. 借方登記計算期內各項成本、費用、損失數額

 12.「短期借款」帳戶期初余額為貸方150,000元，本期貸方發生額100,000元，借方發生額50,000元。假設不考慮其他因素，則期末貸方余額為（　　）元。

  A. 100,000        B. 50,000

  C. 300,000        D. 200,000

 13. 某公司接受投資者投入設備一臺，假設投入設備的入帳價值與註冊資本一致，在編製會計分錄時，應貸記的會計科目是（　　）。

  A. 固定資產        B. 應付帳款

  C. 實收資本        D. 資本公積

 14. 某公司本月應發放職工工資12,000元。其中：生產工人工資8,000元，車間管理人員工資4,000元。假設不考慮其他因素，該項業務編製會計分錄時涉及的帳戶是（　　）。

  A. 應付職工薪酬、庫存現金

  B. 生產成本、製造費用、庫存現金

  C. 生產成本、製造費用、管理費用

  D. 生產成本、製造費用、應付職工薪酬

 15. 某企業本月倉庫發出甲材料2,000千克，每千克50元，計100,000元；發出乙材料1,000千克，每千克40元，計40,000元。發出材料合計140,000元，均用於產品生產。假設不考慮其他因素，應編製的會計分錄是（　　）。

A. 借：原材料——甲材料　　　　　　　　　　100,000
　　　　　　——乙材料　　　　　　　　　　40,000
　　貸：應付帳款　　　　　　　　　　　　　140,000
B. 借：原材料——甲材料　　　　　　　　　　100,000
　　　　　　——乙材料　　　　　　　　　　40,000
　　貸：銀行存款　　　　　　　　　　　　　140,000
C. 借：製造費用　　　　　　　　　　　　　　140,000
　　貸：原材料——甲材料　　　　　　　　　100,000
　　　　　　　——乙材料　　　　　　　　　40,000
D. 借：生產成本　　　　　　　　　　　　　　140,000
　　貸：原材料——甲材料　　　　　　　　　100,000
　　　　　　　——乙材料　　　　　　　　　40,000

16. 下列表述中，不正確的是（　　）。
    A. 資產＝負債＋所有者權益
    B. 負債類帳戶的期末余額＝期初余額＋本期借方發生額－本期貸方發生額
    C. 權益類帳戶的期末余額＝期初余額＋本期貸方發生額－本期借方發生額
    D. 資產類帳戶的期末余額＝期初余額＋本期借方發生額－本期貸方發生額

17. 以銀行存款交納企業所得稅，所引起的變化是（　　）。
    A. 一項資產增加，一項資產減少
    B. 一項資產減少，一項負債減少
    C. 一項負債減少，一項資產增加
    D. 一項資產減少，一項所有者權益減少

18. 借貸記帳法中，帳戶哪一方記增加，哪一方記減少的決定因素是（　　）。
    A. 記帳規則　　　　　　　　　B. 帳戶結構
    C. 帳戶性質　　　　　　　　　D. 經濟業務

19. 帳戶發生額試算平衡的依據是（　　）。
    A. 經濟業務類型　　　　　　　B. 經濟業務的內容
    C. 資產＝負債＋所有者權益　　D. 借貸記帳法的記帳規則

20. 一般情況下，資產類帳戶貸方登記的是（　　）。
    A. 固定資產的增加　　　　　　B. 原材料的增加
    C. 預收帳款的減少　　　　　　D. 應收帳款的減少

21. 下列關於所有者權益類帳戶期末余額的表述中，正確的是（　　）。
    A. 應在帳戶的借方　　　　　　B. 應在帳戶的貸方
    C. 應與減少額同向　　　　　　D. 可能在借方，也可能在貸方

22. 下列關於收入類帳戶的表述中，正確的是（　　）。
    A. 借方登記收入的結轉數　　　B. 借方登記所取得的收入
    C. 若有余額在借方，屬於資產　D. 若有余額在貸方，屬於負債

23. 下列屬於固定資產備抵帳戶的是（　　）。
    A. 固定資產　　　　　　　　　B. 累計折舊
    C. 製造費用　　　　　　　　　D. 管理費用

24. 企業購進材料發生的裝卸費等採購費用，應記入的是（　　）。
    A. 管理費用　　　　　　　　　　B. 財務費用
    C. 材料買價　　　　　　　　　　D. 材料採購成本

25. 下列費用中，不應記入產品成本的是（　　）。
    A. 期間費用　　　　　　　　　　B. 製造費用
    C. 直接材料費　　　　　　　　　D. 直接人工費

26. 「主營業務成本」帳戶借方登記的內容是（　　）。
    A. 產品成本　　　　　　　　　　B. 在產品成本
    C. 產品生產成本　　　　　　　　D. 已銷售產品的製造成本

27. 「利潤分配」帳戶年末貸方余額表示的含義是（　　）。
    A. 已分配的利潤額　　　　　　　B. 未分配的利潤額
    C. 未彌補的虧損額　　　　　　　D. 累計實現的淨利潤

28. 「本年利潤」帳戶如果有期末貸方余額，其含義是（　　）。
    A. 實現的利潤總額
    B. 實現的淨利潤
    C. 截至本期本年累計實現的利潤總額
    D. 截至本期本年累計實現的淨利潤

29. 8 月 31 日，「本年利潤」帳戶有貸方余額 50,000 元，其含義是（　　）。
    A. 8 月份實現的淨利潤
    B. 8 月 31 日實現的淨利潤
    C. 1 月 1 日至 8 月 31 日累計實現的淨利潤
    D. 結轉利潤分配數后的剩余數額

30. 企業實際收到投資者投入的資本，應記入的會計帳戶（　　）。
    A. 實收資本　　　　　　　　　　B. 盈余公積
    C. 主營業務收入　　　　　　　　D. 其他業務收入

31. 下列項目不應計入一般納稅人材料採購成本的是（　　）。
    A. 材料買價　　　　　　　　　　B. 材料的保險費
    C. 材料的包裝費　　　　　　　　D. 增值稅進項稅額

32. 期末計提的短期借款利息應計入的帳戶是（　　）。
    A. 管理費用　　　　　　　　　　B. 生產成本
    C. 財務費用　　　　　　　　　　D. 銷售費用

33. 為了核算材料的收入、發出和結存情況，應設置的帳戶（　　）。
    A. 原材料　　　　　　　　　　　B. 在途物資
    C. 庫存商品　　　　　　　　　　D. 生產成本

34. 「在途物資」帳戶如果有期末余額，其含義是（　　）。
    A. 全部材料的採購成本
    B. 全部材料的計劃成本
    C. 已經入庫但尚未支付款項的材料採購成本
    D. 已經辦理結算但尚未驗收入庫的在途物資的實際成本

35. 期末計提固定資產折舊時，應貸記的帳戶是（　　）。

A. 固定資產 B. 折舊基金
C. 累計折舊 D. 製造費用

36. 營業收入扣除營業成本、營業稅金及附加、銷售費用、管理費用、財務費用、資產減值損失、公允價值變動損失、投資損失后的余額是（    ）。
    A. 利潤總額 B. 營業利潤
    C. 產品銷售毛利 D. 主營業務利潤

37. 下列關於利潤總額的計算，正確的是（    ）。
    A. 營業利潤+營業外收入-營業外支出
    B. 主營業務利潤+其他業務利潤-管理費用-財務費用-銷售費用
    C. 營業利潤+其他業務收入-其他業務成本+營業外收入-營業外支出
    D. 營業利潤+其他業務收入-其他業務成本+營業外收入-營業外支出±投資收益

38. 企業2月底應收帳款借方余額為300萬元，3月份收回前欠款80萬元，用銀行存款歸還長期借款40萬元。假設不考慮其他因素，則3月末應收帳款余額為（    ）萬元。
    A. 220 B. 180
    C. 185 D. 345

39. 與製造費用帳戶不可能發生對應關係的是（    ）。
    A. 生產成本 B. 其他應付款
    C. 所得稅費用 D. 應付職工薪酬

40. 甲工廠為一般納稅人，本期從外地購入A材料，貨款為10,000元，增值稅進項稅額為1,700元（取得增值稅專用發票），並以現金支付所負擔的採購費用400元。假設不考慮其他因素，則A材料的採購成本為（    ）元。
    A. 10,000 B. 11,700
    C. 12,100 D. 10,400

41. 「庫存商品」帳戶的期初余額為1,000元，本期借方發生額為7,000元，本期貸方發生額為6,500元。假設不考慮其他因素，該帳戶的期末余額為（    ）元。
    A. 1,500 B. 500
    C. 8,000 D. 7,500

42. 企業年終結轉后無余額的帳戶是（    ）。
    A. 利潤分配 B. 本年利潤
    C. 盈余公積 D. 應交稅費

43. 在權責發生制下，下列款項中應列作本期收入的是（    ）。
    A. 上月銷售貨款本月收存銀行 B. 本月銷售貨款本月收存銀行
    C. 本月預收下月貨款存入銀行 D. 本月收回多付的預付貨款存入銀行

二、多項選擇題

1. 借貸記帳法下的試算平衡有（    ）。
    A. 動態平衡法 B. 靜態平衡法
    C. 余額試算平衡法 D. 發生額試算平衡法

2. 下列屬於會計分錄內容的有（　　）。
    A. 借貸符號                   B. 借、貸數量
    C. 借、貸金額                 D. 應借、應貸帳戶
3. 下列關於「本年利潤」帳戶的表述中，正確的有（　　）。
    A. 期末借方余額反應淨利潤
    B. 期末貸方余額反應虧損數
    C. 借方登記費用類帳戶轉入的費用支出數
    D. 貸方登記收入類帳戶轉入的收入數
4. 計算本月應交納的城市維護建設稅和教育費附加，涉及的會計科目有（　　）。
    A. 應交稅費                   B. 其他業務成本
    C. 主營業務成本               D. 營業稅金及附加
5. 企業籌集資金的主要渠道有（　　）。
    A. 發行債券                   B. 購入股票
    C. 發行股票                   D. 向債權人借入
6. 下列經濟業務中，會引起會計等式左右兩邊同時發生增減變動的有（　　）。
    A. 用現金追加投資             B. 購進材料尚未付款
    C. 以銀行存款償還長期借款     D. 商業承兌匯票抵付原欠貨款
7. 編製會計分錄時，必須考慮的因素有（　　）。
    A. 登記哪些帳戶
    B. 帳戶的余額在借方還是貸方
    C. 記入帳戶的借方還是貸方
    D. 經濟業務發生導致會計要素的變動是增加還是減少
8. 下列錯誤中，不能通過試算平衡發現的有（　　）。
    A. 某項經濟業務未登記入帳
    B. 借貸雙方同時多記了相等的金額
    C. 只登記了借方金額，未登記貸方金額
    D. 應借應貸的帳戶中顛倒了借貸方向
9. 在借貸記帳法下，帳戶借方登記的內容有（　　）。
    A. 資產的減少                 B. 負債的減少
    C. 費用的減少                 D. 所有者權益的減少
10. 下列各個帳戶中，一般情況下會出現期末借方余額的有（　　）。
    A. 原材料                     B. 短期借款
    C. 實收資本                   D. 生產成本
11. 下列各個帳戶中，一般情況下出現期末貸方余額的有（　　）。
    A. 管理費用                   B. 應付帳款
    C. 盈余公積                   D. 預收帳款
12. 下列屬於流動負債的有（　　）。
    A. 預收帳款                   B. 預付帳款
    C. 應收帳款                   D. 應付帳款
13. 下列屬於期間費用的有（　　）。

A. 財務費用　　　　　　　　　　B. 銷售費用
　　C. 製造費用　　　　　　　　　　D. 管理費用
14. 從倉庫領用材料時，可能借記的帳戶有（　　）。
　　A. 原材料　　　　　　　　　　　B. 製造費用
　　C. 材料採購　　　　　　　　　　D. 管理費用
15. 在核算材料採購業務時，與「在途物資」帳戶的借方相對應的帳戶一般有（　　）。
　　A. 應付帳款　　　　　　　　　　B. 應付票據
　　C. 預付帳款　　　　　　　　　　D. 預收帳款
16. 下列帳戶中，在期末結轉到「本年利潤」后無餘額的有（　　）。
　　A. 應交稅費　　　　　　　　　　B. 所得稅費用
　　C. 主營業務成本　　　　　　　　D. 營業稅金及附加
17. 下列屬於企業其他業務收入的有（　　）。
　　A. 利息收入　　　　　　　　　　B. 銷售商品的收入
　　C. 出租固定資產的收入　　　　　D. 銷售多余材料的收入
18. 企業費用的發生，可能會引起的變動有（　　）。
　　A. 資產增加　　　　　　　　　　B. 資產減少
　　C. 負債增加　　　　　　　　　　D. 負債減少
19. 在借貸記帳法下，用來進行試算平衡的公式中，正確的有（　　）。
　　A. 資產帳戶借方發生額合計＝負債帳戶貸方發生額合計
　　B. 全部帳戶借方發生額合計＝全部帳戶貸方發生額合計
　　C. 每類帳戶借方發生額合計＝每類帳戶貸方發生額合計
　　D. 全部帳戶借方期初餘額合計＝全部帳戶貸方期初餘額合計
20. 帳戶的貸方應記錄的內容有（　　）。
　　A. 資產減少　　　　　　　　　　B. 負債增加
　　C. 收入減少　　　　　　　　　　D. 所有者權益減少
21. 下列帳戶與「生產成本」帳戶存在對應關係的有（　　）。
　　A. 原材料　　　　　　　　　　　B. 製造費用
　　C. 固定資產　　　　　　　　　　D. 應付職工薪酬
22. 「營業稅金及附加」帳戶核算的內容有（　　）。
　　A. 所得稅　　　　　　　　　　　B. 消費稅
　　C. 增值稅銷項稅額　　　　　　　D. 城市維護建設稅
23. 構成營業利潤的項目有（　　）。
　　A. 期間費用　　　　　　　　　　B. 投資收益
　　C. 主營業務成本　　　　　　　　D. 營業稅金及附加

### 三、判斷題

1. 留存收益包括盈余公積和未分配利潤。　　　　　　　　　　　　　　　（　　）
2. 在所有者權益類帳戶中，借方用來登記增加額，貸方用來登記減少額。（　　）
3. 分配車間管理人員工資時，應借記「製造費用」科目，貸記「應付職工薪酬」

科目。											(    )
  4. 工業企業銷售商品的收入屬於主營業務收入。						(    )
  5. 為了簡化記帳手續，提高工作效率，可把不同經濟業務合併編製複合會計分錄。
											(    )
  6. 提取行政部門使用的固定資產折舊，涉及「管理費用」和「累計折舊」兩個帳戶。											(    )
  7. 「財務費用」帳戶的借方登記當期費用的發生額，貸方登記期末結轉到「本年利潤」帳戶的數額，期末結轉后該帳戶無余額。				(    )
  8. 某公司銷售商品一批，價款為 10,000 元，增值稅進項稅額為 1,700 元，款項尚未收到，因此不用確認為本期的收入。						(    )
  9. 成本類帳戶期末應無余額。							(    )
  10. 資產和所有者權益在金額上始終是相等的。					(    )
  11. 在借貸記帳法下，所有帳戶的左方均登記增加額，右方均登記減少額。
											(    )
  12. 一般說來，在借貸記帳法下，各類帳戶的期末余額與記錄增加的一方屬同一方向。											(    )
  13. 復式記帳法可以反應經濟業務的來龍去脈。					(    )
  14. 復式記帳法的記帳規則是「有借必有貸，借貸必相等」。			(    )
  15. 借貸記帳法下帳戶的基本結構是：左方為借方，登記資產的增加、費用的增加和權益的減少；右方為貸方，登記資產的減少、費用的減少和權益的增加。	(    )
  16. 用銀行存款購買原材料不影響所有者權益變化，只引起資產的變化，但其總額不變。											(    )
  17. 「應交稅費」帳戶的余額必定在貸方，表示應交未交的稅金。		(    )
  18. 「應收帳款」帳戶核算企業因銷售商品、提供勞務等經營活動應收取的款項。
											(    )
  19. 「製造費用」帳戶本期發生額期末轉入「本年利潤」帳戶后沒有余額。
											(    )
  20. 「在途物資」帳戶期末借方余額反應尚未驗收入庫的在途物資的實際成本。
											(    )
  21. 「利潤分配」帳戶年初借方余額表示以前年度已分配的利潤。		(    )
  22. 銷售產品收到增值稅銷項稅額應借記「營業稅金及附加」帳戶。		(    )
  23. 借貸記帳法的試算平衡公式分為余額平衡公式和發生額平衡公式。	(    )
  24. 實現了期初余額、本期發生額、期末余額的試算平衡，說明帳戶記錄完全正確無誤。											(    )
  25. 在銷售商品過程中發生的運輸費、裝卸費、包裝費、保險費、展覽費、廣告費，應記入「銷售費用」帳戶的借方。					(    )

## 四、業務題

  （一）練習借貸記帳法下編製會計分錄、登記帳戶並編製試算平衡表。
  邕桂公司 3 月 1 日有關帳戶余額如表 9 所示。

表9　　　　　　　　　　邕桂公司3月1日有關帳戶余額　　　　　　　　　單位：元

| 借方余額 | | 貸方余額 | |
|---|---|---|---|
| 庫存現金 | 5,000 | 短期借款 | 116,000 |
| 銀行存款 | 38,600 | 應付帳款 | 133,600 |
| 應收帳款 | 12,000 | 應交稅費 | 88,000 |
| 其他應收款 | 4,000 | 實收資本 | 330,000 |
| 原材料 | 106,000 | | |
| 固定資產 | 360,000 | | |
| 生產成本 | 142,000 | | |
| 合計 | 667,600 | 合計 | 667,600 |

3月份發生下列經濟業務：

（1）購入設備一臺，取得的增值稅專用發票上註明設備的買價為20,000元，增值稅進項稅額為3,400元，價稅款已用銀行存款支付，設備已投入車間使用；

（2）從銀行取得短期借款100,000元，存入銀行；

（3）用現金購買辦公用品100元，辦公用品已發企業管理科室使用；

（4）向東方工廠購入A材料，增值稅專用發票上註明買價為60,000元，增值稅進項稅額為10,200元，材料已驗收入庫，價稅款暫欠；

（5）用銀行存款20,000元，歸還銀行短期借款；

（6）開出轉帳支票一張，償還上月所欠南方工廠的購貨款48,000元；

（7）接到銀行通知，收到南華工廠上月所欠購貨款10,000元；

（8）用現金支付李林預借差旅費2,000元；

（9）出售甲產品1件，不含稅售價1,000元，增值稅銷項稅額170元，現金已收訖；

（10）將現金1,170元送存銀行。

（11）結轉本月損益。

要求：（假設不考慮其他因素）

（1）根據上述資料，開設有關的「T」字帳戶，並登記期初余額；

（2）根據上述經濟業務編製會計分錄；

（3）根據會計分錄登記帳戶並結算每個帳戶的本期發生額和期末余額；

（4）編製試算平衡表。

（二）練習資金籌集業務的核算

邕桂公司20×5年4月發生下列經濟業務：

（1）收到股東李林投資款400,000元存入銀行。

（2）取得借款200,000元，期限為6個月，年利率為6%，所得款項存入銀行，利息於每月末計提，每季末支付。

要求：根據上述經濟業務編製會計分錄。（借款業務要求將取得借款、每月計息、每季支付利息和到期還本分別編製會計分錄）

（三）練習材料採購業務核算

邕桂公司（一般納稅人）20×5年6月發生下列經濟業務：

（1）從黃河公司購入A材料300千克，單價200元，增值稅專用發票上註明的買價為60,000元，增值稅進項稅額為10,200元。全部款項尚未支付，材料驗收入庫。

（2）以銀行存款30,000元向泰山公司預付購買B材料的貨款。

（3）從長江公司購入C材料30千克，單價100元，增值稅專用發票上註明買價為3,000元，增值稅進項稅額為510元；D材料50千克，單價200元，增值稅專用發票上註明買價為10,000元，增值稅進項稅額為1,700元。上述款項全部用存款支付，材料驗收入庫。

（4）以銀行存款70,200元，償還所欠黃河公司的貨款。

（5）從珠江公司購入B材料50千克，單價120元，增值稅專用發票上註明買價為6,000元，增值稅為1,020元，公司開具三個月不帶息的商業匯票一張，材料尚未運達。

（6）收到泰山公司發來的已預付貨款的B材料200千克，單價115元，增值稅專用發票上註明買價為23,000元，增值稅進項稅額為3,910元，材料已驗收入庫。

（7）收到泰山公司退回的貨款3,090元存入銀行。

要求：根據上述經濟業務編製會計分錄。（假設不考慮其他因素）

（四）練習產品生產業務核算

邕桂公司20×5年6月份生產甲、乙兩種產品，有關經濟業務如下：

（1）本月倉庫發出下列材料：產品耗用A材料100,900元。其中：甲產品51,000元；乙產品49,000元；車間一般消耗900元；

（2）分配本月工資費用72,960元。其中：生產工人工資61,560元（按生產工時比例分配：甲產品生產工時600小時，乙產品生產工時400小時）；車間行政管理人員工資11,400元；

（3）以銀行存款72,960元支付本月工資；

（4）向南陽工廠租入廠辦公用房一間，租期為10個月，以存款預付租金45,000元，本月負擔4,500元。

（5）月末，計提本月生產車間的折舊費1,300元。

（6）月末，將本月發生製造費用在甲、乙產品之間按生產工時比例進行分配。

（7）計算甲、乙產品生產成本（其中：甲產品全部完工，乙產品全部未完工）；並結轉完工甲產品實際生產成本。

要求：根據上述經濟業務編製會計分錄。（假設不考慮其他因素）

（五）練習銷售業務核算

邕桂公司（一般納稅企業）20×5年7月份發生下列經濟業務：

（1）1日，按合同向異地N公司賒銷A產品一批，開出的增值稅專用發票註明的價款為240,000元，增值稅銷項稅額為40,800元，貨已發出，並以銀行存款代墊運雜費3,200元，款項尚未收到。該批A產品實際成本為168,000元。

（2）3日，收到K公司補付的貨款66,000元，存入銀行。（上月預收並已發貨）

（3）10日，銷售應稅消費品B產品，開出的增值稅專用發票註明的價款80,000元，增值稅銷項稅額為13,600元，價稅款已全部收到（轉帳支票），存入銀行。該批B產品實際成本為52,000元，消費稅稅率為10%。

（4）14 日，以銀行存款支付本公司產品廣告費 2,000 元、展覽費 2,500 元。

（5）21 日，銷售 A 產品一批給 W 公司，開出的增值稅專用發票註明的價款 120,000 元，增值稅銷項稅額為 20,400 元，並以現金代墊運雜費 900 元。已收到經購貨單位承兌的面值為 141,300 元的商業匯票。該批 A 產品實際成本為 84,000 元，產品已發出。

（6）25 日，收到 N 公司償還的貨款 284,000 元，已存入銀行。

（7）29 日，按合同規定，預收 E 公司訂購 B 產品貨款 40,000 元，存入銀行。

（8）31 日，經計算，結轉本月應交城市維護建設稅 9,800 元，應交教育費附加 4,200 元。

要求：根據上述經濟業務編製有關的會計分錄。（假設不考慮其他因素）

（六）練習財務成果的核算

邕桂公司 20×5 年 7 月末有關損益類帳戶結帳前的資料如表 10 所示。

表 10　　　　　　　　　　　有關資料　　　　　　　　　　　單位：萬元

| 帳戶名稱 | 本期發生額 借方 | 本期發生額 貸方 | 帳戶名稱 | 本期發生額 借方 | 本期發生額 貸方 |
|---|---|---|---|---|---|
| 主營業務收入 | 2 | 54 | 主營業務成本 | 25 | |
| 其他業務收入 | | 13 | 其他業務成本 | 5 | |
| 投資收益 | 14 | 10 | 營業稅金及附加 | 4.2 | |
| 營業外收入 | | 2 | 銷售費用 | 6 | |
| | | | 管理費用 | 9 | |
| | | | 財務費用 | 2.5 | |
| | | | 營業外支出 | 1.2 | |
| | | | 所得稅費用 | 2.53 | |

要求：（假設不考慮其他因素）

（1）根據上述資料，計算本月營業利潤、利潤總額和淨利潤；

（2）編製相關的會計分錄。

# 參考答案

## 一、單項選擇題

| | | | | | |
|---|---|---|---|---|---|
| 1. D | 2. C | 3. B | 4. A | 5. C | 6. B |
| 7. A | 8. C | 9. D | 10. C | 11. C | 12. D |
| 13. C | 14. D | 15. D | 16. B | 17. B | 18. C |
| 19. D | 20. D | 21. B | 22. A | 23. B | 24. D |
| 25. A | 26. D | 27. C | 28. D | 29. C | 30. A |
| 31. D | 32. C | 33. A | 34. D | 35. C | 36. B |
| 37. A | 38. A | 39. C | 40. D | 41. A | 42. B |

43. B

## 二、多項選擇題

| 1. CD | 2. ACD | 3. CD | 4. AD | 5. ACD | 6. ABC |
| 7. ACD | 8. ABD | 9. BD | 10. AD | 11. BCD | 12. AD |
| 13. ABD | 14. BD | 15. ABC | 16. BCD | 17. CD | 18. BC |
| 19. BD | 20. AB | 21. ABD | 22. BD | 23. ABCD | |

## 三、判斷題

| 1. √ | 2. × | 3. √ | 4. √ | 5. × | 6. √ |
| 7. × | 8. × | 9. × | 10. × | 11. × | 12. √ |
| 13. √ | 14. × | 15. √ | 16. √ | 17. × | 18. √ |
| 19. × | 20. √ | 21. × | 22. × | 23. √ | 24. × |
| 25. √ | | | | | |

## 四、業務題

(一) 練習借貸記帳法下編製會計分錄、登記帳戶並編製試算平衡表。

1. 根據上述業務編製會計分錄：

(1) 借：固定資產——設備　　　　　　　　　　　　　　20,000
　　　　應交稅費——應交增值稅（進項稅額）　　　　　3,400
　　　貸：銀行存款　　　　　　　　　　　　　　　　　23,400

(2) 借：銀行存款　　　　　　　　　　　　　　　　　100,000
　　　貸：短期借款　　　　　　　　　　　　　　　　100,000

(3) 借：管理費用——辦公費　　　　　　　　　　　　　　100
　　　貸：庫存現金　　　　　　　　　　　　　　　　　　100

(4) 借：原材料——A 材料　　　　　　　　　　　　　　60,000
　　　　應交稅費——應交增值稅（進項稅額）　　　　10,200
　　　貸：應付帳款——東方工廠　　　　　　　　　　　70,200

(5) 借：短期借款　　　　　　　　　　　　　　　　　　20,000
　　　貸：銀行存款　　　　　　　　　　　　　　　　　20,000

(6) 借：應付帳款——南方工廠　　　　　　　　　　　　48,000
　　　貸：銀行存款　　　　　　　　　　　　　　　　　48,000

(7) 借：銀行存款　　　　　　　　　　　　　　　　　　10,000
　　　貸：應收帳款——南華工廠　　　　　　　　　　　10,000

(8) 借：其他應收款——李林　　　　　　　　　　　　　2,000
　　　貸：庫存現金　　　　　　　　　　　　　　　　　2,000

(9) 借：庫存現金　　　　　　　　　　　　　　　　　　1,170
　　　貸：主營業務收入——甲產品　　　　　　　　　　1,000
　　　　　應交稅費——應交增值稅（銷項稅額）　　　　170

(10) 借：銀行存款　　　　　　　　　　　　　　　　　1,170

         貸：庫存現金                                    1,170
(11) 借：主營業務收入                                 1,000
         貸：本年利潤                                    1,000
     借：本年利潤                                        100
     貸：管理費用                                          100
2. 記帳：

| 借方 | 庫存現金 |  | 貸方 |
|---|---|---|---|
| 期初余額 | 5,000 |  |  |
| (9) | 1,170 | (3) | 100 |
|  |  | (8) | 2,000 |
|  |  | (10) | 1,170 |
| 本期發生額 | 1,170 | 本期發生額 | 3,270 |
| 期末余額 | 2,900 |  |  |

| 借方 | 銀行存款 |  | 貸方 |
|---|---|---|---|
| 期初余額 | 38,600 |  |  |
| (2) | 100,000 | (1) | 23,400 |
| (7) | 10,000 | (5) | 20,000 |
| (10) | 1,170 | (6) | 48,000 |
| 本期發生額 | 111,170 | 本期發生額 | 91,400 |
| 期末余額 | 58,370 |  |  |

| 借方 | 應收帳款 |  | 貸方 |
|---|---|---|---|
| 期初余額 | 12,000 |  |  |
|  |  | (7) | 10,000 |
| 本期發生額 | 0 | 本期發生額 | 10,000 |
| 期末余額 | 2,000 |  |  |

| 借方 | 其他應收款 |  | 貸方 |
|---|---|---|---|
| 期初余額 | 4,000 |  |  |
| (8) | 2,000 |  |  |
| 本期發生額 | 2,000 | 本期發生額 | 0 |
| 期末余額 | 6,000 |  |  |

| 借方 | 原材料 |  | 貸方 |
|---|---|---|---|
| 期初余額 | 106,000 |  |  |
| (4) | 60,000 |  |  |
| 本期發生額 | 60,000 | 本期發生額 | 0 |

| 借方 | | 原材料 | 貸方 |
|---|---|---|---|
| 期末余額 | 166,000 | | |

| 借方 | | 固定資產 | 貸方 |
|---|---|---|---|
| 期初余額 | 360,000 | | |
| (1) | 20,000 | | |
| 本期發生額 | 20,000 | 本期發生額 | 0 |
| 期末余額 | 380,000 | | |

| 借方 | | 短期借款 | 貸方 |
|---|---|---|---|
| | | 期初余額 | 116,000 |
| (5) | 20,000 | (2) | 100,000 |
| 本期發生額 | 20,000 | 本期發生額 | 100,000 |
| | | 期末余額 | 196,000 |

| 借方 | | 應付帳款 | 貸方 |
|---|---|---|---|
| | | 期初余額 | 133,600 |
| (6) | 48,000 | (4) | 70,200 |
| 本期發生額 | 48,000 | 本期發生額 | 70,200 |
| | | 期末余額 | 155,800 |

| 借方 | | 應交稅費 | 貸方 |
|---|---|---|---|
| | | 期初余額 | 88,000 |
| (1) | 3,400 | (9) | 170 |
| (4) | 10,200 | | |
| 本期發生額 | 13,600 | 本期發生額 | 170 |
| | | 期末余額 | 74,570 |

| 借方 | | 主營業務收入 | 貸方 |
|---|---|---|---|
| (11) | 1,000 | (9) | 1,000 |
| 本期發生額 | 1,000 | 本期發生額 | 1,000 |
| | | 期末余額 | 0 |

| 借方 | | 管理費用 | 貸方 |
|---|---|---|---|
| (3) | 100 | (11) | 100 |
| 本期發生額 | 100 | 本期發生額 | 100 |

| 借方 | | 管理費用 | 貸方 |
|---|---|---|---|
| 期末余額 | 0 | | |

| 借方 | | 本年利潤 | 貸方 | |
|---|---|---|---|---|
| (11) | 100 | | (11) | 1,000 |
| 本期發生額 | 100 | 本期發生額 | | 1,000 |
| | | 期末余額 | | 900 |

3. 編製試算平衡表（表11）：

表11　　　　　　　　　　總分類帳戶試算平衡表
20×5年3月31日　　　　　　　　　　　　　　　　單位：元

| 會計科目 | 期初余額 | | 本期發生額 | | 期末余額 | |
|---|---|---|---|---|---|---|
| | 借方 | 貸方 | 借方 | 貸方 | 借方 | 貸方 |
| 庫存現金 | 5,000 | | 1,170 | 3,270 | 2,900 | |
| 銀行存款 | 38,600 | | 111,170 | 91,400 | 58,370 | |
| 應收帳款 | 12,000 | | | 10,000 | 2,000 | |
| 其他應收款 | 4,000 | | 2,000 | | 6,000 | |
| 原材料 | 106,000 | | 60,000 | | 166,000 | |
| 固定資產 | 360,000 | | 20,000 | | 380,000 | |
| 生產成本 | 142,000 | | | | 142,000 | |
| 短期借款 | | 116,000 | 20,000 | 100000 | | 196,000 |
| 應付帳款 | | 133,600 | 48,000 | 70,200 | | 155,800 |
| 應交稅費 | | 88,000 | 13,600 | 170 | | 74,570 |
| 實收資本 | | 330,000 | | | | 330,000 |
| 本年利潤 | | | 100 | 1,000 | | 900 |
| 主營業務收入 | | | 1,000 | 1,000 | | |
| 管理費用 | | | 100 | 100 | | |
| 合計 | 667,600 | 667,600 | 277,140 | 277,140 | 757,270 | 757,270 |

（二）練習資金籌集業務的核算

1. 借：銀行存款　　　　　　　　　　　　　400,000
　　　貸：實收資本——李林　　　　　　　　　　　400,000
2. （1）借：銀行存款　　　　　　　　　　　200,000
　　　　　貸：短期借款　　　　　　　　　　　　　200,000
　（2）借：財務費用　　　　　　　　　　　　1,000
　　　　　貸：應付利息　　　　　1,000　（4、5、6月計提利息）
　（3）借：應付利息　　　　　　　　　　　　3,000
　　　　　貸：銀行存款　　　　　3,000　（6月份支付本季度利息）
　（4）借：財務費用　　　　　　　　　　　　1,000
　　　　　貸：應付利息　　　　　1,000　（7、8月計提利息）

（5）借：短期借款 200,000
　　　　應付利息 2,000
　　　　財務費用 1,000
　　　貸：銀行存款 203,000（9月份還本付息）
（三）練習材料採購業務核算
1. 借：原材料——A材料 60,000
　　　應交稅費——應交增值稅（進項稅額） 10,200
　　貸：應付帳款——黃河公司 70,200
2. 借：預付帳款——泰山公司 30,000
　　貸：銀行存款 30,000
3. 借：原材料——C材料 3,000
　　　　　　——D材料 10,000
　　　應交稅費——應交增值稅（進項稅額） 2,210
　　貸：銀行存款 15,210
4. 借：應付帳款——黃河公司 70,200
　　貸：銀行存款 70,200
5. 借：在途物資——B材料 6,000
　　　應交稅費——應交增值稅（進項稅額） 1,020
　　貸：應付票據——珠江公司 7,020
6. 借：原材料——B材料 23,000
　　　應交稅費——應交增值稅（進項稅額） 3,910
　　貸：預付帳款——泰山公司 26,910
7. 借：銀行存款 3,090
　　貸：預付帳款——泰山公司 3,090
（四）練習產品生產業務核算
1. 借：生產成本——甲產品 51,000
　　　　　　　——乙產品 49,000
　　　製造費用——材料費 900
　　貸：原材料——A材料 100,900
2. 借：生產成本——甲產品 36,936
　　　　　　　——乙產品 24,624
　　　製造費用——人工費 11,400
　　貸：應付職工薪酬——工資 72,960
3. 借：應付職工薪酬——工資 72,960
　　貸：銀行存款 72,960
4. 借：預付帳款——南陽工廠 45,000
　　貸：銀行存款 45,000
　　借：管理費用——租金 4,500
　　貸：預付帳款——南陽工廠 4,500
5. 借：製造費用——折舊費 1,300

    貸：累計折舊               1,300
6. 本月製造費用合計＝900+11,400+1,300＝13,600（元）
甲產品應負擔的製造費用＝13,600÷1,000×600＝8,160（元）
乙產品應負擔的製造費用＝13,600÷1,000×400＝5,440（元）
  借：生產成本——甲產品         8,160
     ——乙產品         5,440
    貸：製造費用           13,600
7. 甲產品的生產成本＝51,000+36,936+8,160＝96,096（元）
乙產品的生產成本＝49,000+24,624+5,440＝79,064（元）
  借：庫存商品——甲產品         96,096
    貸：生產成本——甲產品       96,096

（五）練習銷售業務核算
1. 借：應收帳款——N公司         284,000
   貸：主營業務收入——A產品      240,000
     應交稅費——應交增值稅（銷項稅額） 40,800
     銀行存款           3,200
  借：主營業務成本——A產品      168,000
   貸：庫存商品——A產品        168,000
2. 借：銀行存款            66,000
   貸：預收帳款——K公司        66,000
3. 借：銀行存款            93,600
   貸：主營業務收入——B產品      80,000
     應交稅費——應交增值稅（銷項稅額） 13,600
  借：主營業務成本——B產品       52,000
   貸：庫存商品——B產品        52,000
  借：營業稅金及附加          8,000
   貸：應交稅費——應交消費稅      8,000
4. 借：銷售費用——廣告費         2,000
     ——展覽費         2,500
   貸：銀行存款            4,500
5. 借：應收票據——W公司        141,300
   貸：主營業務收入——A產品      120,000
     應交稅費——應交增值稅（銷項稅額） 20,400
     庫存現金            900
  借：主營業務成本——A產品       84,000
   貸：庫存商品——A產品         84,000
6. 借：銀行存款            284,000
   貸：應收帳款——N公司        284,000
7. 借：銀行存款            40,000
   貸：預收帳款——E公司        40,000

8. 借：營業稅金及附加　　　　　　　　　　　　　14,000
　　貸：應交稅費——應交城建稅　　　　　　　　　9,800
　　　　　　　　——應交教育費附加　　　　　　　4,200

(六) 練習財務成果的核算
1. 計算本月營業利潤、利潤總額和淨利潤
營業利潤=（54-2）+13+（10-14）-25-5-4.2-6-9-2.5=9.3（萬元）
利潤總額=9.3+2-1.2=10.1（萬元）
淨利潤=10.1-2.53=7.57（萬元）
2. 會計分錄
(1) 借：主營業務收入　　　　　　　　　　　　　52
　　　　其他業務收入　　　　　　　　　　　　　13
　　　　投資收益　　　　　　　　　　　　　　　4
　　　　營業外收入　　　　　　　　　　　　　　2
　　　貸：本年利潤　　　　　　　　　　　　　　　63
(2) 借：本年利潤　　　　　　　　　　　　　　　52.9
　　　貸：主營業務成本　　　　　　　　　　　　　25
　　　　　其他業務成本　　　　　　　　　　　　　5
　　　　　營業稅金及附加　　　　　　　　　　　　4.2
　　　　　銷售費用　　　　　　　　　　　　　　　6
　　　　　管理費用　　　　　　　　　　　　　　　9
　　　　　財務費用　　　　　　　　　　　　　　　2.5
　　　　　營業外支出　　　　　　　　　　　　　　1.2
(3) 借：所得稅費用　　　　　　　　　　　　　　2.53
　　　貸：應交稅費——應交所得稅　　　　　　　　2.53
(4) 借：本年利潤　　　　　　　　　　　　　　　2.53
　　　貸：所得稅費用　　　　　　　　　　　　　　2.53

# 第四章 會計憑證

## 要點總覽

- 會計憑證的概念
- 原始憑證
  - 原始憑證的內容
  - 原始憑證的種類
  - 原始憑證的填製要求
  - 原始憑證的審核
- 記帳憑證
  - 記帳憑證的內容
  - 記帳憑證的種類
  - 記帳憑證的填製要求
  - 記帳憑證的審核
- 會計憑證的傳遞、裝訂與保管

## 重點難點

- 重點
  - 原始憑證
    - 原始憑證的種類
    - 原始憑證的填製要求
    - 原始憑證的審核
  - 記帳憑證
    - 記帳憑證的種類
    - 記帳憑證的填製要求
    - 記帳憑證的審核
- 難點
  - 原始憑證
    - 原始憑證的填製要求
    - 原始憑證的審核
  - 記帳憑證
    - 記帳憑證的填製要求
    - 記帳憑證的審核

## 知識點梳理

表1 　　　　　　　　　　第一節　會計憑證概述

| 一、會計憑證的概念 | 會計憑證，簡稱憑證，是記錄經濟業務事項，明確經濟責任，並據以登記會計帳簿的書面證明 | |
|---|---|---|
| 二、會計憑證的種類 | 原始憑證 | 也稱單據，是在經濟業務發生或完成時取得或填製的記錄，也是反應經濟業務具體內容及其發生或完成情況的書面證明 |
| | 記帳憑證 | 也稱記帳憑單，是會計人員根據審核無誤後的原始憑證，據以確定經濟業務應借、應貸的會計科目和金額（即會計分錄）后填製的會計憑證 |
| 三、會計憑證的作用 | （一）反應經濟信息，提供登帳依據<br>（二）明確經濟責任，強化內部控制<br>（三）加強會計監督，控制經濟運行 | |

表2 　　　　　　　　　　第二節　原始憑證

| 一、原始憑證的基本內容 | | 1. 原始憑證的名稱<br>2. 填製憑證的日期及編號<br>3. 接受憑證的單位名稱<br>4. 經濟業務內容（數量、金額等）<br>5. 填製憑證的單位名稱或填製人姓名<br>6. 經辦人員的簽名或簽章 | |
|---|---|---|---|
| 二、原始憑證的種類 | （一）按來源分 | 外來原始憑證 | 從其他單位或個人直接取得的原始憑證，如供貨單位開具的發票、銀行結算憑證等 |
| | | 自製原始憑證 | 由本單位內部經辦該業務的部門或個人自行填製的，僅在本單位內部使用的原始憑證，如產品出庫單、收料單、領料單、工資單等 |
| | （二）按填製手續及內容分 | 一次憑證 | 一次填製完成的，只記錄一項或同時發生的若干項同類的經濟業務的原始憑證，如發票、收據、領料單、銀行結算憑證等 |
| | | 累計憑證 | 在一定時期內多次記錄若干項同類經濟業務的原始憑證，如限額領料單 |
| | | 匯總原始憑證 | 將一定時期內反應同類經濟業務的若干張原始憑證匯總而成的原始憑證，如工資匯總表、差旅費報銷單等 |
| | （三）按格式分 | 通用憑證 | 由有關部門統一印製、在一定範圍內使用的具有統一格式和使用方法的原始憑證，如增值稅專用發票、由中國人民銀行製作的銀行轉帳結算憑證等 |
| | | 專用憑證 | 由單位自行印製、僅在本單位內部使用的原始憑證，如出庫單、差旅費報銷單、折舊計算表等 |
| 三、原始憑證的填製要求 | | 1. 真實合法，手續完備<br>2. 內容完整，書寫清楚<br>3. 填製及時，編號連續<br>4. 大小寫金額書寫規範<br>5. 其他要求 | |
| 四、原始憑證的審核內容 | | 1. 真實性　2. 合法性　3. 合理性　4. 完整性　5. 正確性　6. 及時性 | |

表 3　　　　　　　　　　第三節　記帳憑證

| 一、記帳憑證的基本內容 | 1. 記帳憑證的名稱、填製日期及編號<br>2. 經濟業務事項的內容摘要<br>3. 會計分錄，包括會計科目、借貸方向和金額<br>4. 記帳標記<br>5. 所附原始憑證張數<br>6. 有關人員的簽章 | | | |
|---|---|---|---|---|
| 二、記帳憑證的種類 | （一）按內容分 | 專用記帳憑證 | 收款憑證 | 庫存現金收款憑證 | 用於記錄庫存現金收入業務的會計憑證；抬頭的借方科目為庫存現金 | 備註：對於涉及庫存現金和銀行存款之間的經濟業務，一般只編製付款憑證 |
| | | | | 銀行存款收款憑證 | 用於記錄銀行存款收入業務的會計憑證；抬頭的借方科目為銀行存款 | |
| | | | 付款憑證 | 庫存現金付款憑證 | 用於記錄庫存現金支出業務的會計憑證；抬頭的貸方科目為庫存現金 | |
| | | | | 銀行存款付款憑證 | 用於記錄銀行存款支出業務的會計憑證；抬頭的貸方科目為銀行存款 | |
| | | | 轉帳憑證 | 用於記錄不涉及貨幣資金收支業務的會計憑證，無抬頭科目 | |
| | | 通用記帳憑證 | 不區分收款、付款和轉帳業務，在同一格式的憑證中記錄所有經濟業務的會計憑證；其格式與轉帳憑證格式基本相同，憑證下方的責任人多「出納」一欄 | |
| | （二）按填列方式分 | 復式記帳憑證 | 每一項經濟業務事項所涉及的全部會計科目及其金額均在同一張會計憑證中反應的一種憑證 | 備註：收款憑證、付款憑證、轉帳憑證和通用記帳憑證都是復式記帳憑證 |
| | | 單式記帳憑證 | 每一張記帳憑證只填列經濟業務事項所涉及的一個會計科目及其金額的會計憑證 | |
| 三、記帳憑證的編製要求 | 基本要求 | 1. 根據經濟業務內容選取記帳憑證的種類<br>2. 以審核無誤的原始憑證為依據填製記帳憑證<br>3. 正確填寫記帳憑證的日期<br>4. 記帳憑證應連續編號<br>5. 經濟業務的內容摘要應簡明扼要<br>6. 根據先借后貸的順序規範填寫會計科目<br>7. 正確、規範地填寫金額數字<br>8. 逐行填寫不得留空，金額欄空行處劃線註銷<br>9. 正確計算所附原始憑證的張數<br>10. 有關人員的簽章必須完整<br>11. 使用規範的方法更正記帳憑證錯誤 | | | |
| 四、記帳憑證的審核內容 | 1. 內容是否真實<br>2. 項目是否齊全<br>3. 科目是否正確<br>4. 金額是否正確<br>5. 書寫是否規範 | | | | |

表 4　　　　　　　　第四節　會計憑證的傳遞、裝訂與保管

| | | |
|---|---|---|
| 一、會計憑證的傳遞 | 傳遞的定義 | 會計憑證的傳遞，是指從會計憑證取得或填製開始，到歸檔保管為止，按規定的時間、路線在本單位內部有關部門和人員之間辦理業務手續、進行處理的過程 |
| | 傳遞的基本要求 | 會計憑證的傳遞，要求能夠滿足內部控制制度的要求，既要保證有關部門和人員能對會計憑證進行審核和處理，又要盡可能減少傳遞中不必要的環節和手續，節約傳遞時間 |
| | 傳遞程序 | 傳遞程序是指一張會計憑證，從填製完成時起，應該先後交到哪個部門、哪個崗位、由誰辦理業務手續，直至歸檔保管為止的流程。單位應根據自身具體情況制定每一種憑證的傳遞程序 |
| | 傳遞時間 | 在充分考慮各有關部門和人員完成工作所需時間的情況下，明確規定會計憑證在各部門停留的最長時間 |
| 二、會計憑證的裝訂方法 | | 1. 每月末，按憑證種類、編號順序進行整理、核查<br>2. 連同原始憑證一起，加封面、封底，裝訂成冊<br>3. 在裝訂線處加貼封簽，裝訂人員在裝訂線封簽處加簽章<br>4. 封面註明單位名稱、憑證種類、憑證張數、起止號數、年度、月份等有關事項<br>5. 會計主管人員和保管人員在封面上簽章 |
| 三、會計憑證的保管要求 | | 1. 單位從外部接收的原始憑證，符合條件的，可以僅以電子形式歸檔保存<br>2. 裝訂成冊的會計憑證應及時交由本單位檔案機構或檔案工作人員保管，出納人員不得兼管會計憑證<br>3. 辦理會計憑證移交時，應當編製會計檔案移交清冊，並按國家有關規定辦理移交手續<br>4. 單位保存的會計憑證一般不得對外借出。確因工作需要且按國家有關規定必須借出的，應按要求辦理手續<br>5. 會計憑證在保管期滿之前不得銷毀<br>6. 保管期滿后的會計憑證，可以銷毀的，須在一定程序下銷毀<br>7. 保管期滿后的會計憑證，不可銷毀的，應按要求單獨保管，並在會計檔案銷毀清冊和會計檔案保管清冊中列明 |

# 練習題

## 一、單項選擇題

1. 下列屬於外來原始憑證的是（　　）。
   A. 入庫單　　　　　　　　　B. 火車票
   C. 工資發放表　　　　　　　D. 成本計算單
2. 下列屬於通用原始憑證的是（　　）。
   A. 出庫單　　　　　　　　　B. 工資計算表
   C. 製造費用分配表　　　　　D. 增值稅專用發票
3. 在一定時期內多次記錄若干項同類經濟業務的原始憑證是（　　）。
   A. 一次憑證　　　　　　　　B. 累計憑證
   C. 記帳憑證　　　　　　　　D. 匯總原始憑證
4. 可以不附原始憑證的記帳憑證是（　　）。

  A. 結轉本年利潤的記帳憑證    B. 支付所欠貨款的記帳憑證
  C. 從銀行提取現金的記帳憑證   D. 職工臨時性借款的記帳憑證

5. 對於填寫金額合計數有錯的原始憑證，正確的處理方法是（   ）。
  A. 由經辦人員更正      B. 由出具單位更正
  C. 由出具單位重開      D. 不予以接受，並報告單位負責人

6. 原始憑證的合法性指的是（   ）。
  A. 原始憑證的各項基本要素是否齊全
  B. 原始憑證是否充分、客觀地反應經濟業務的發生或完成情況
  C. 原始憑證所記錄的經濟業務是否符合企業生產經營活動的需要
  D. 原始憑證所記錄的經濟業務是否符合國家的法律法規的規定

7. 下列屬於自製原始憑證的是（   ）。
  A. 火車票         B. 購貨發票
  C. 銀行匯票        D. 製造費用分配表

8. 企業以轉帳支票支付購買甲材料的款項 30,000 元，會計人員應編製的是（   ）。
  A. 購貨發票        B. 收款憑證
  C. 付款憑證        D. 轉帳憑證

9. 會計憑證分為原始憑證和記帳憑證的依據是（   ）。
  A. 取得來源不同       B. 表格格式不同
  C. 填製程序和用途不同     D. 反應經濟業務的內容不同

10. 下列不屬於記帳憑證的是（   ）。
  A. 收款憑證        B. 付款憑證
  C. 轉帳支票        D. 通用記帳憑證

11. 關於原始憑證填製的基本要求，下列說法中不正確的是（   ）。
  A. 職工外出的借款憑據，在其報帳時須退還給其本人
  B. 凡填有大寫和小寫金額的原始憑證，大寫和小寫金額必須相符
  C. 從外單位取得的原始憑證，必須蓋有填製單位的公章或財務專用章
  D. 自製的原始憑證，必須有經辦單位負責人或指定人員的簽名或蓋章

12. 用現金支票支付租賃費，會計人員應填製的是（   ）。
  A. 銀行存款付款憑證      B. 庫存現金付款憑證
  C. 銀行存款收款憑證      D. 庫存現金收款憑證

13. 企業銷售產品，貨款尚未收到，會計人員應該根據增值稅專用發票填製的是（   ）。
  A. 收款憑證        B. 付款憑證
  C. 轉帳憑證        D. 結算憑證

14. 下列內容不屬於記帳憑證編製的基本要求的是（   ）。
  A. 必須有會計主管的簽章     B. 必須有單位負責人的簽章
  C. 須按經濟業務發生的順序編號   D. 發現填製錯誤時須重新填製

15. 從銀行提取庫存現金備用，會計人員應填製的是（   ）。
  A. 銀行存款付款憑證      B. 庫存現金付款憑證

C. 銀行存款收款憑證　　　　　　D. 庫存現金收款憑證

16. 記帳憑證分為收款憑證、付款憑證和轉帳憑證，依據的是（　　）。
　　A. 填製手續不同　　　　　　　B. 表格格式不同
　　C. 取得的來源不同　　　　　　D. 記載的經濟業務內容不同

17. 一般情況下，企業會計日常核算工作的起點是（　　）。
　　A. 財產清查　　　　　　　　　B. 登記會計帳簿
　　C. 填製會計憑證　　　　　　　D. 設置會計科目和帳戶

18. 填製會計憑證時，￥39,005.80 的大寫是（　　）。
　　A. 人民幣叁萬玖仟伍元捌角　　B. 人民幣叁萬玖仟零伍元捌角
　　C. 人民幣叁萬玖仟伍元捌角整　D. 人民幣叁萬玖仟零伍元捌角整

19. 某企業銷售產品一批，不含稅售價30,000元，增值稅銷項稅額為5,100元，款項尚未收到。該筆業務應編製的記帳憑證是（　　）。
　　A. 收款憑證　　　　　　　　　B. 付款憑證
　　C. 轉帳憑證　　　　　　　　　D. 以上均可

20. 某公司20×5年1月6日以銀行存款支付廠房租賃費用，每年租金為24,000元，租賃期為三年，廠房租賃費用每月月末分攤，根據該筆業務會計人員做法正確的是（　　）。
　　A. 填製銀行存款付款憑證，借方科目「製造費用」金額24,000元
　　B. 填製銀行存款付款憑證，借方科目「長期待攤費用」金額24,000元
　　C. 填製轉帳憑證，借方科目「製造費用」，貸方科目「長期待攤費用」金額22,000元
　　D. 填製銀行存款付款憑證，借方科目「製造費用」金額2,000元，「長期待攤費用」金額22,000元

## 二、多項選擇題

1. 關於填製原始憑證，下列說法正確的有（　　）。
　　A. 一式數聯的憑證，各聯內容必須相同
　　B. 憑證填寫的手續必須符合內部牽制要求
　　C. 如果發現錯誤，應立即銷毀，重新編製
　　D. 對外開出的原始憑證必須加蓋本單位公章

2. 關於填製記帳憑證，下列說法正確的有（　　）。
　　A. 根據原始憑證匯總表填製
　　B. 根據每一張原始憑證填列
　　C. 根據若干張同類原始憑證匯總填製
　　D. 將若干張不同內容和類別的原始憑證匯總編製在一張記帳憑證上

3. 下列人員中，應在記帳憑證上簽章的有（　　）。
　　A. 製單人員　　　　　　　　　B. 會計主管
　　C. 記帳人員　　　　　　　　　D. 單位負責人

4. 收款憑證左上角的借方科目可能有（　　）。
　　A. 應收帳款　　　　　　　　　B. 應付帳款

C. 銀行存款　　　　　　　　　D. 庫存現金
5. 下列關於會計憑證傳遞裝訂和保管的說法中，正確的有（　　）。
   A. 原始憑證較多時可以單獨裝訂
   B. 通過合理設計會計憑證的傳遞程序可以加強會計監督
   C. 裝訂成冊的會計憑證要加具封面，並逐項填寫封面內容
   D. 單位應統一制定一個適用於所有會計憑證的傳遞程序和方法，以便管理
6. 下列項目中，屬於原始憑證基本內容的有（　　）。
   A. 憑證名稱　　　　　　　　　B. 填製日期
   C. 經辦人員簽章　　　　　　　D. 數量、單價和金額
7. 下列各項中，屬於記帳憑證基本內容的有（　　）。
   A. 所附原始憑證的張數
   B. 填製憑證的日期和憑證的編號
   C. 會計科目的名稱、記帳方向和金額
   D. 製單、復核、會計主管等有關人員的簽章
8. 下列屬於一次性原始憑證的有（　　）。
   A. 火車票　　　　　　　　　　B. 購貨發票
   C. 限額領料單　　　　　　　　D. 銀行對帳單
9. 下列屬於復式記帳憑證的有（　　）。
   A. 收款憑證　　　　　　　　　B. 付款憑證
   C. 轉帳憑證　　　　　　　　　D. 通用記帳憑證
10. 張某出差歸來，報銷差旅費 2,000 元，出差前預支現金 3,000 元，現退回剩余現金 1,000 元，會計人員應編製的記帳憑證有（　　）。
    A. 收款憑證　　　　　　　　　B. 付款憑證
    C. 轉帳憑證　　　　　　　　　D. 累計憑證
11. 下列可以作為原始憑證的有（　　）。
    A. 領料單
    B. 火車票
    C. 銀行對帳單
    D. 有對方單位負責人簽章的採購物資證明
12. 下列關於會計憑證的表述中，正確的有（　　）。
    A. 登記帳簿的依據　　　　　　B. 記錄經濟業務的書面證明
    C. 明確經濟責任的會計資料　　D. 編製財務報表的直接依據
13. 下列屬於外來原始憑證的有（　　）。
    A. 銀行付款通知單
    B. 採購材料時取得的購貨發票
    C. 銷售商品時開具的銷貨發票
    D. 本單位車輛運送貨物時取得的車輛通行費收據
14. 下列經濟業務中應填製付款憑證的有（　　）。
    A. 固定資產折舊　　　　　　　B. 採購材料時預付定金
    C. 從銀行提取現金備用　　　　D. 以銀行存款支付之前所欠貨款

15. 下列說法正確的有（　　）。
    A. 購買材料的原始憑證，必須有驗收證明
    B. 記帳憑證上的日期指的是經濟業務發生的日期
    C. 有關現金和銀行存款的收支憑證，如果填寫錯誤，必須作廢
    D. 對於涉及「庫存現金」和「銀行存款」之間的經濟業務，一般只編製收款憑證
16. 下列屬於原始憑證審核內容的有（　　）。
    A. 對通用原始憑證，應審核憑證本身的真實性
    B. 原始憑證所記錄的經濟業務是否符合有關計劃和預算
    C. 原始憑證所記錄的經濟業務是否符合國家的法律法規的規定
    D. 原始憑證是否在經濟業務發生或完成時及時填製，是否及時進行憑證的傳遞
17. 下列屬於記帳憑證審核內容的有（　　）。
    A. 書寫是否規範
    B. 金額的填寫是否正確
    C. 科目及其借貸方向是否正確
    D. 記帳憑證的內容與所附原始憑證反應的經濟業務內容是否一致
18. 下列日期填寫正確的有（　　）。
    A. 貳仟零壹拾伍年貳月壹拾伍日　　B. 貳零壹伍年零貳月壹拾伍日
    C. 貳零壹伍年零壹拾月貳拾伍日　　D. 貳零壹伍年零拾貳月貳拾伍日
19. 對於小寫金額的書寫規範，下列說法正確的有（　　）。
    A. 金額數字前書寫貨幣幣種符號
    B. 幣種符號與金額數字之間要留有空白
    C. 數字前寫有幣種符號的，數字后不再寫貨幣單位
    D. 金額數字有角無分的，應當在分位寫「0」，不得用符號「—」代替
20. 若發現記帳憑證填製錯誤，下列做法正確的有（　　）。
    A. 若錯誤在登記帳簿之前發現，應重新填製
    B. 若錯誤在登記帳簿之前發現，應及時用劃線法在原記帳憑證上更正
    C. 已登記入帳的記帳憑證，如果在當年內發現填寫錯誤，應該用紅字填寫一張與原內容相同的記帳憑證，同時再用藍字重新填製一張正確的記帳憑證
    D. 已登記入帳的記帳憑證，如果在當年內發現只有金額填寫錯誤，可根據正確數字和錯誤數字之間的差額，另編一張調整的記帳憑證，調增金額用紅字，調減金額用藍字

### 三、判斷題

1. 所有的記帳憑證都必須附有原始憑證。　　　　　　　　　　（　　）
2. 原始憑證是登記會計帳簿的直接依據。　　　　　　　　　　（　　）
3. 工資匯總表屬於一次憑證。　　　　　　　　　　　　　　　（　　）
4. 領料單都屬於累計憑證。　　　　　　　　　　　　　　　　（　　）
5. 由中國人民銀行統一制定的支票、商業匯票等結算憑證屬於通用憑證。（　　）
6. 從外單位取得的原始憑證，必須有填製單位負責人的簽章。　（　　）

7. 小寫金額「￥27,000.10」的漢字大寫金額應該為「人民幣貳萬柒仟元壹角」。
（　）

8. 如果一項經濟業務會引起銀行存款增加，那麼會計人員必須填製銀行存款收款憑證。
（　）

9. 記帳憑證一個月內應連續編號。（　）

10. 轉帳憑證只記錄與貨幣資金收付無關的內容。（　）

### 四、業務題

資料：邕桂公司20×5年6月發生如下經濟業務：

（1）1日，一車間領用甲材料500千克，價值5,000元，用於生產A產品。

（2）3日，收到金玲公司上個月所欠貨款22,800元，款存銀行。

（3）4日，從銀行提取現金20,000元備用。

（4）6日，以銀行存款購買生產設備一臺，價值180,000元，增值稅進項稅額為30,600元，預計使用年限為10年，淨殘值為零。

（5）11日，向至美公司銷售A產品600件，每件25元，共計15,000元，增值稅銷項稅額為2,550元。貨物已發，款項尚未支付。

（6）13日，收到至美公司前欠貨款17,550元，款存銀行。

（7）14日，從銀行提取現金30,000元，備發工資。

（8）15日，發放員工工資，其中生產工人工資30,000元以現金發放，生產管理人員工資7,500元和行政管理人員工資10,200元通過銀行轉帳至個人銀行卡。

（9）22日，採購員孫犁預借差旅費1,500元。

（10）26日，向中華夏公司購買甲材料600千克，每千克11元，共計6,600元，增值稅進項稅額為1,122元，材料已驗收入庫，貨款尚未支付。

（11）27日，採購員孫犁出差回來，報銷差旅費1,280元，交回現金220元。

要求：假設不考慮其他因素，根據上述經濟業務編製會計分錄，並判斷應使用何種記帳憑證（收款憑證、付款憑證、轉帳憑證）。

## 參考答案

### 一、單項選擇題

| 1. B | 2. D | 3. B | 4. A | 5. C | 6. D |
| 7. D | 8. C | 9. C | 10. C | 11. A | 12. A |
| 13. C | 14. B | 15. A | 16. D | 17. C | 18. B |
| 19. C | 20. B | | | | |

### 二、多項選擇題

| 1. ABD | 2. ABC | 3. ABC | 4. CD | 5. ABCD | 6. ABCD |
| 7. ABCD | 8. AB | 9. ABCD | 10. AC | 11. AB | 12. ABC |
| 13. ABD | 14. BCD | 15. AC | 16. ABCD | 17. ABCD | 18. BC |
| 19. ACD | 20. AC | | | | |

## 三、判斷題

1. ×  2. ×  3. √  4. ×  5. √  6. ×
7. ×  8. ×  9. √  10. √

## 四、業務題

(1) 應填製轉帳憑證，會計分錄如下：
借：生產成本——A產品                                    5,000
　貸：原材料——甲材料                                    5,000
(2) 應填製收款憑證，會計分錄如下：
借：銀行存款                                            22,800
　貸：應收帳款——金玲公司                              22,800
(3) 應填製付款憑證，會計分錄如下：
借：庫存現金                                            20,000
　貸：銀行存款                                          20,000
(4) 應填製銀行付款憑證，會計分錄如下：
借：固定資產——生產設備                                180,000
　　應交稅費——應交增值稅（進項稅額）                    30,600
　貸：銀行存款                                         210,600
(5) 應填製轉帳憑證，會計分錄如下：
借：應收帳款——至美公司                                 17,550
　貸：主營業務收入——A產品                              15,000
　　　應交稅費——應交增值稅（銷項稅額）                   2,550
(6) 應填製收款憑證，會計分錄如下：
借：銀行存款                                            17,550
　貸：應收帳款——至美公司                              17,550
(7) 應填製付款憑證，會計分錄如下：
借：庫存現金                                            30,000
　貸：銀行存款                                          30,000
(8) 應填製兩張付款憑證，一張庫存現金付款憑證，一張銀行存款付款憑證，有關會計分錄如下：
借：應付職工薪酬——工資                                 30,000
　貸：庫存現金                                          30,000
借：應付職工薪酬——工資                                 17,700
　貸：銀行存款                                          17,700
(9) 應填製付款憑證，會計分錄如下：
借：其他應收款——孫犁                                    1,500
　貸：庫存現金                                           1,500
(10) 應填製轉帳憑證，會計分錄如下：
借：原材料——甲材料                                      6,600

應交稅費——應交增值稅（進項稅額）　　　　1,122
　　貸：應付帳款——中華夏公司　　　　　　　　　　　7,722
(11) 應編製一張轉帳憑證，一張收款憑證，會計分錄如下：
借：管理費用——差旅費　　　　　　　　　　　　1,280
　　貸：其他應收款——孫犁　　　　　　　　　　　　　1,280
借：庫存現金　　　　　　　　　　　　　　　　　220
　　貸：其他應收款——孫犁　　　　　　　　　　　　　220

# 第五章 會計帳簿

## 要點總覽

- 會計帳簿概述
  - 會計帳簿的內容
  - 會計帳簿的種類
  - 會計帳簿的作用
- 會計帳簿的啟用與記帳規則
  - 會計帳簿的啟用
  - 會計帳簿的記帳規則
  - 帳簿的更換與保管
- 會計帳簿的登記方法
  - 序時帳的登記方法
  - 總帳的登記方法
  - 明細帳的登記方法
  - 備查帳的登記方法
  - 總分類帳與明細分帳的平行登記
    - 平行登記的含義
    - 平行登記的要點
- 對帳
  - 對帳的作用
  - 對帳的內容
    - 帳證核對
    - 帳帳核對
    - 帳實核對
- 結帳
  - 結帳的程序
  - 結帳的方法
    - 明細帳的結帳方法
    - 總帳的結帳方法
- 錯帳更正方法
  - 查找錯帳方法
    - 順查法
    - 逆查法
    - 抽查法
    - 偶合法
  - 錯帳更正方法
    - 劃線更正法
    - 紅字更正法
    - 補充登記法

## 重點難點

重點
- 會計帳簿的內容、種類、作用
- 會計帳簿的啟用和記帳規則
- 會計帳簿的格式和登記方法
- 對帳的方法
- 結帳的方法
- 查找錯帳的方法以及錯帳更正的方法

難點
- 會計帳簿的內容、種類、作用
- 會計帳簿的啟用和記帳規則
- 會計帳簿的格式和登記方法
- 對帳的方法
- 結帳的方法
- 查找錯帳的方法以及錯帳更正的方法

## 知識點梳理

表1　　　　　　　　第一節　會計帳簿概述

| | | |
|---|---|---|
| 一、會計帳簿的內容 | | 1. 概念：是指由一定格式帳頁組成的，以經過審核的會計憑證為依據，序時、連續、系統、全面地記錄和反應會計主體各項經濟業務的簿籍<br>2. 內容：各種不同種類的會計帳簿都應具備封面、扉頁、帳頁 |
| 二、會計帳簿的種類 | （一）帳簿按其用途分類 | 1. 序時帳簿：又稱日記帳，是按照經濟業務發生或完成時間的先後順序逐日逐筆進行登記的帳簿<br>2. 分類帳簿：是對全部經濟業務事項按照會計要素的具體類別而設置的分類帳戶進行登記的帳簿，又分總分類帳和明細分類帳<br>3. 備查帳簿：又稱輔助帳簿，是對某些在序時帳簿和分類帳簿等主要帳簿中都不予登記或登記不夠詳細的經濟業務事項進行補充登記時使用的帳簿 |
| | （二）帳簿按其外表形式分類 | 1. 訂本帳：啟用之前就已將帳頁裝訂在一起，並對帳頁進行了連續編號的帳簿<br>2. 活頁帳：在帳簿登記完畢之前並不固定裝訂在一起，而是把零散的帳頁裝在活頁帳夾中，可以隨時增減帳頁<br>3. 卡片帳：是將帳戶所需格式印刷在硬卡上 |
| | （三）帳簿按其帳頁格式分類 | 1. 兩欄式：只有借方和貸方兩個基本金額欄目的帳簿<br>2. 三欄式：有借方、貸方和餘額三個基本欄目的帳簿<br>3. 多欄式：是在帳簿的兩個基本欄目借方和貸方按需要分設若干金額專欄的帳簿<br>4. 數量金額式：數量金額式帳簿的借方、貸方和餘額三個欄目內，都分設數量、單價和金額三小欄，借以反應財產物資的實物數量和價值量 |
| 三、會計帳簿的作用 | | 1. 通過帳簿的設置和登記，可以記載、儲存會計信息<br>2. 通過帳簿的設置和登記，可以分類、匯總會計信息<br>3. 通過帳簿的設置和登記，可以檢查、校正會計信息<br>4. 通過帳簿的設置和登記，可以編報、輸出會計信息 |

## 表2　第二節　會計帳簿啟用與記帳規則

| | | |
|---|---|---|
| 一、會計帳簿的啟用 | 帳簿是重要的會計檔案。為了確保帳簿記錄的合法性和完整性，明確記帳責任，在啟用會計帳簿時，應當在帳簿的有關位置記錄以下相關信息：<br>1. 設置帳簿的封面與封底<br>2. 填寫帳簿啟用及經管人員一覽表<br>3. 粘貼印花稅票 | |
| 二、會計帳簿的記帳規則 | 1. 準確完整<br>2. 註明記帳符號<br>3. 書寫留空<br>4. 正常記帳使用藍黑墨水筆<br>5. 特殊記帳使用紅墨水筆<br>(1) 按照紅字衝帳的記帳憑證，衝銷錯誤記錄<br>(2) 在不設借貸等欄的多欄式帳頁中，登記減少數<br>(3) 在三欄式帳戶的余額欄錢，如未印明余額方向的，在余額欄內登記負數余額<br>(4) 根據國家統一的會計法規制度的規定可以用紅字登記的其他會計記錄<br>6. 順序連續登記<br>7. 結出余額<br>8. 過次承前 | |
| 三、帳簿的更換和保管 | 會計帳簿的更換通常在新會計年度建帳時進行。一般來說，總帳、日記帳和多數明細帳應每年更換一次。但有些財產物資明細帳和債權債務明細帳由於材料品種、規格和往來單位較多，更換新帳、重抄一遍的工作量較大，因此，可以不必每年度更換一次。各種備查帳簿也可以連續使用<br>年度終了，各種帳戶在結轉下年、建立新帳後，一般都要把舊帳送交總帳會計集中統一管理。被更換下來的舊帳是會計檔案的重要組成部分，必須科學、妥善地加以保管。會計帳簿暫由本單位財務會計部門保存一年，期滿之後，由財務會計部門編造清冊移交本單位的檔案部門管理 | |

## 表3　第三節　會計帳簿的登記方法

| | | | |
|---|---|---|---|
| 一、序時帳的登記方法 | (一) 普通日記帳 | 1. 普通日記帳的格式 | 序時地登記特種日記帳以外的經濟業務；如果不設置特種日記帳，則要序時登記全部經濟業務。普通日記帳也稱分錄簿，一般採用兩欄式帳頁 |
| | | 2. 普通日記帳的登記方法 | 普通日記帳是由會計人員根據審核無誤後的原始憑證序時逐筆登記各項經濟業務，要登記日期、憑證編號、經濟業務內容摘要、借貸方科目和金額。如果分類帳是根據日記帳來登記，則在過帳後應在日記帳的帳頁數欄中註明分類帳的頁數 |
| | (二) 特種日記帳 | 1. 庫存現金日記帳的格式和登記方法 | 庫存現金日記帳，是用來核算和監督庫存現金每天的收入、支出和結存情況的帳簿<br>①格式：有三欄式和多欄式兩種，均須使用訂本帳<br>②登記方法：出納人員根據審核後的與庫存現金收付有關的記帳憑證，按時間順序逐日逐筆進行登記，並根據「本日余額＝上日余額＋本日收入－本日支出」的公式，逐日結出庫存現金余額，與庫存現金實存數核對，以檢查每日庫存現金收付是否有誤 |
| | | 2. 銀行存款日記帳的格式和登記方法 | 銀行存款日記帳，是用來序時反應銀行存款每日的收入、支出和結余情況的帳簿<br>①格式：有三欄式和多欄式兩種，均須使用訂本帳<br>②銀行存款日記帳的登記方法也與庫存現金日記帳的登記方法基本相同，也需要做到「日清月結」，並要定期與銀行對帳單對帳 |

表3(續)

| | | | |
|---|---|---|---|
| 二、分類帳的登記方法 | (一)總分類帳登記方法 | 1. 格式 | 一般為三欄式，設置借方、貸方和余額三個基本金額欄目，必須使用訂本帳 |
| | | 2. 登記方法 | 登記方法比較靈活，根據不同的帳務處理程序，有不同的登記方法。可以根據記帳憑證逐筆登記總分類帳，也可以根據經過匯總的科目匯總表或匯總記帳憑證等登記 |
| | (二)明細分類帳的登記方法 | 1. 三欄式 | 只進行金額核算的帳戶，如應收帳款、應付帳款、應交稅費等往來結算帳戶 |
| | | 2. 數量金額式 | 既要進行金額核算又要進行實物數量核算的帳戶，如原材料、庫存商品等 |
| | | 3. 多欄式 | 一般適用於成本、費用、收入、利潤類科目的明細核算 |
| | | 4. 平行式 | 適用於登記材料採購業務、應收票據、其他應收款和一次性借用金等業務 |
| | (三)總分類帳與明細分類帳的平行登記 | 1. 平行登記的含義 | 指特定單位經濟業務發生時，會計人員根據有關會計憑證，既要登記有關總分類帳，同時又要登記該總分類帳所屬的各有關明細帳的登記方法 |
| | | 2. 平行登記的要點 | 內容相同，會計期間相同，借貸方向相同，金額相等 |
| 三、備查帳的登記方法 | 備查簿，也稱輔助帳簿，是為備忘備查而設置的。在會計實務中主要包括各種租借設備、物資的輔助登記或有關應收、應付款項的備查簿，擔保、抵押備查簿等。各單位可根據自身管理的需要，設置備查帳 | | |

表4　　　　　　　　　　　　　第四節　對帳

| | |
|---|---|
| 一、對帳的作用 | 對帳就是核對帳目，是指對帳簿、帳戶記錄所進行的核對工作，一般是在會計期間（會計中期、會計年度）終了時，檢查和核對帳證、帳帳、帳實是否相符，以確保帳簿記錄的正確性 |
| 二、對帳的內容 | 1. 帳證核對<br>它是指核對會計帳簿記錄與原始憑證、記帳憑證的時間、憑證字號、內容、金額是否一致，記帳方向是否相符<br>2. 帳帳核對<br>它是指對不同會計帳簿之間的帳簿記錄是否相符。為了保證帳帳相符，必須將各種帳簿之間的有關數據相核對<br>它包括：（1）總分類帳簿有關帳戶的余額核對。（2）總分類帳簿與所屬明細分類帳簿核對。（3）總分類帳簿與序時帳簿核對。（4）會計帳與業務帳之間的核對<br>3. 帳實核對<br>它是指各項財產物資、債權債務等帳面余額與其實有數額之間的核對。包括：<br>（1）庫存現金日記帳帳面余額與庫存現金實有數額核對<br>（2）銀行存款日記帳帳面余額與銀行對帳單的余額核對<br>（3）各項財產物資明細帳帳面余額與財產物資的實有數額核對<br>（4）有關債權債務明細帳帳面余額與對方單位的帳面記錄核對 |

表 5  第五節 結帳

| 一、結帳的定義 | 結帳是在把一定時期內發生的全部經濟業務登記入帳的基礎上，計算並記錄本期發生額和期末余額的過程 |
|---|---|
| 二、結帳的內容 | 1. 結出各資產、負債和所有者權益帳戶的本期發生額合計和期末余額<br>2. 結出各種損益類帳戶的本期發生額合計和期末余額 |
| 三、結帳的程序 | 1. 將本期發生的經濟業務事項全部登記入帳，並保證其正確性<br>2. 根據權責發生制的要求，調整有關帳項，合理確定本期應計的收入和應計的費用<br>（1）應計收入和應計費用的調整<br>（2）收入分攤和成本分攤的調整<br>3. 將損益類科目轉入「本年利潤」科目，結平所有損益類科目<br>4. 結算出資產、負債和所有者權益科目的本期發生額和余額，並結轉下期 |
| 四、結帳的方法 | （一）明細帳的結帳方法 | 明細帳的結帳按不同情況分三種類型：<br>（1）對本月無發生額或只有一筆發生額的明細帳，在其最后一筆經濟業務事項記錄之下已有通欄單紅線，本月無發生額，不需要再結計余額<br>適用範圍：債權債務往來結算類明細和各財產物資明細帳<br>（2）對本月發生額較多的明細帳，每月結帳時，要結出本月發生額和余額，在摘要欄內註明「本月合計」字樣，並在下面通欄劃單紅線<br>適用範圍：庫存現金、銀行存款日記帳和收入、費用等明細帳<br>（3）對全年累計數的結計，月末結帳時，應在「本月合計」行下結出自年初起至本月末止的累計發生額及余額，登記在月份發生額下面，在摘要欄內註明「本年累計」字樣，12月末的「本年累計」就是全年累計發生額及余額，在其下方通欄劃雙紅線<br>適用範圍：收入、費用類明細帳 |
| | （二）總帳的結帳方法 | 總帳帳戶平時只需要結出月末余額。年終結帳時，將所有總帳帳戶結出全年發生額和年末余額，在摘要欄內註明「本年合計」字樣，並在合計數下通欄劃雙紅線 |

## 第六節　錯帳更正的方法

表 6

| | | | |
|---|---|---|---|
| 一、查找錯帳的方法 | （一）順查法 | | 1. 定義：指沿著「填製憑證——登記帳簿」的順帳務處理程序，從頭到尾進行普遍檢查<br>2. 優點：查的範圍大，不易遺漏<br>3. 缺點：工作量大，需要的時間比較長 |
| | （二）逆查法 | | 1. 定義：指沿著「登記帳簿——填製憑證」的逆帳務處理程序，從尾到頭進行普遍檢查<br>2. 優點：查的範圍大，不易遺漏<br>3. 缺點：工作量大，需要的時間比較長 |
| | （三）抽查法 | | 1. 定義：指在初步掌握情況的基礎上，有重點地抽取帳簿記錄中某些部分進行局部檢查<br>2. 優點：縮小查找範圍，比較省力省時<br>3. 缺點：易造成遺漏 |
| | （四）偶合法 | 1. 定義 | 根據帳簿記錄錯誤中最常見的規律，推測錯帳的類型與錯帳有關的記錄進行查帳的方法 |
| | | 2. 種類 | （1）差數法。按照錯帳的差數查找錯帳。它適用於登記了會計分錄的借方或貸方，漏記了另一方，從而形成試算平衡中借方合計與貸方合計不等 |
| | | | （2）尾數法。查找記帳金額的小數部分。它適用於記帳金額發生角、分位數的差錯 |
| | | | （3）除2法。以差數除以2來查找錯帳。它適用於錯將借方金額登記到貸方或將貸方金額登記到了借方，必然會出現一方合計增多，而另一方合計數減少的情況 |
| | | | （4）除9法。以差數除以9來查找錯帳。它適用於數字錯位和相鄰數字顛倒的錯誤 |

如果帳簿記錄發生錯誤，必須按照規定的方法予以更正。不準塗改、挖補刮擦或者用藥水消除字跡，不準重新抄，應採用正確的方法予以更正。錯帳更正方法通常有劃線更正法、紅字更正法和補充登記法三種。三種方法的適用範圍、更正方法歸納如表 7 所示。

表 7

| 方法 | 適用錯誤類型 | | | 具體更正方法 |
|---|---|---|---|---|
| | 記帳憑證 | | 帳簿 | |
| | 記帳科目 | 記帳金額 | | |
| 劃線更正法 | 正確 | 正確 | 錯誤 | ①錯誤處劃單紅線<br>②在上方書寫正確金額或文字並簽名或蓋章 |

表7(續)

| 方法 | | 適用錯誤類型 | | | 具體更正方法 |
|---|---|---|---|---|---|
| | | 記帳憑證 | | 帳簿 | |
| | | 記帳科目 | 記帳金額 | | |
| 紅字更正法 | 全部紅字更正 | 錯誤 | 正確 | 錯誤 | ①註銷原憑證（科目、方向相同），金額用紅字，並據以入帳<br>②另做一張正確憑證，並據以入帳 |
| | 部分紅字更正 | 正確 | 錯誤金額大於正確金額（多記金額） | 錯誤 | 編製一張與原憑證科目、方向相同的憑證，金額為多記金額（用紅字表示），並據以入帳 |
| 補充登記法 | | 正確 | 錯誤金額小於正確金額（少記金額） | 錯誤 | 編製一張與原憑證科目、方向相同的憑證，金額為少記金額，並據以入帳 |

## 練習題

### 一、單項選擇題

1. 啟用帳簿時，不能在扉頁上書寫的是（　　）。
   A. 單位名稱　　　　　　　　B. 帳簿名稱
   C. 帳戶名稱　　　　　　　　D. 啟用日期

2. 下列適合採用多欄式明細帳格式核算的是（　　）。
   A. 原材料　　　　　　　　　B. 製造費用
   C. 應付帳款　　　　　　　　D. 庫存商品

3. 更正錯帳時，屬於劃線更正法適用範圍的是（　　）。
   A. 記帳憑證正確，在記帳時發生錯誤，導致帳簿記錄錯誤
   B. 記帳憑證上會計科目或記帳方向錯誤，導致帳簿記錄錯誤
   C. 記帳憑證上會計科目或記帳方向正確，所記金額大於應記金額，導致帳簿記錄錯誤
   D. 記帳憑證上會計科目或記帳方向正確，所記金額小於應記金額，導致帳簿記錄錯誤

4. 登記帳簿時，下列做法錯誤的是（　　）。
   A. 使用圓珠筆書寫
   B. 用紅字衝銷錯誤記錄
   C. 文字和數字的書寫緊靠底線，占格距的1/2
   D. 各種帳簿按頁次順序連續登記，不得跳行、隔頁

5. 下列關於帳簿的表述，錯誤的是（　　）。
   A. 庫存現金日記帳一般採用三欄式帳簿
   B. 製造費用明細帳一般採用多欄式帳簿
   C. 財務費用明細帳一般採用三欄式帳簿

D. 庫存商品明細帳一般採用數量金額式帳簿

6. 對帳時，帳帳核對不包括的是（　　）。
   A. 總帳與日記帳的核對　　　　　B. 總帳各帳戶的余額核對
   C. 總帳與備查帳之間的核對　　　D. 總帳與所屬明細帳之間的核對

7. 融資租入固定資產登記簿是（　　）。
   A. 序時帳　　　　　　　　　　　B. 備查簿
   C. 總分類帳　　　　　　　　　　D. 明細分類帳

8. 「生產成本」明細分類帳的格式一般採用的是（　　）。
   A. 三欄式　　　　　　　　　　　B. 多欄式
   C. 平行式　　　　　　　　　　　D. 數量金額式

9. 登記帳簿的依據是（　　）。
   A. 經濟合同　　　　　　　　　　B. 會計要素
   C. 會計憑證　　　　　　　　　　D. 會計分錄

10. 下列帳戶適合採用數量金額式明細帳的是（　　）。
    A. 「應收帳款」帳戶　　　　　　B. 「庫存商品」帳戶
    C. 「製造費用」帳戶　　　　　　D. 「固定資產」帳戶

11. 發現記帳憑證所用帳戶正確，但所填金額大於應記金額，並已過帳，應採用的錯帳更正方法是（　　）。
    A. 紅字更正法　　　　　　　　　B. 補充登記法
    C. 劃線更正法　　　　　　　　　D. 平行登記法

12. 下列關於日記帳的登記方法，正確的是（　　）。
    A. 按照經濟業務發生的時間先后順序逐日逐筆登記
    B. 按照經濟業務發生的時間先后順序逐日匯總登記
    C. 按照經濟業務發生的時間先后順序逐筆定期登記
    D. 按照經濟業務發生的時間先后順序定期匯總登記

13. 記帳以後，如發現記帳錯誤是由於記帳憑證所列會計科目有誤引起的，更正錯帳應採用的是（　　）。
    A. 劃線更正法　　　　　　　　　B. 紅字更正法
    C. 補充更正法　　　　　　　　　D. 轉帳更正法

14. 目前實際工作中使用的庫存現金日記帳、銀行存款日記帳是（　　）。
    A. 分錄簿　　　　　　　　　　　B. 普通日記帳
    C. 專欄日記帳　　　　　　　　　D. 特種日記帳

15. 專門序時記載某一類經濟業務的帳簿是（　　）。
    A. 分錄簿　　　　　　　　　　　B. 轉帳日記帳
    C. 特種日記帳　　　　　　　　　D. 普通日記帳

16. 下列帳戶適合採用多欄式明細帳的是（　　）。
    A. 資產類帳戶　　　　　　　　　B. 負債類帳戶
    C. 收入費用類帳戶　　　　　　　D. 所有者權益類帳戶

17. 應收帳款明細帳的帳頁格式一般採用的是（　　）。
    A. 三欄式　　　　　　　　　　　B. 多欄式

C. 數量金額式　　　　　　　　D. 任意一種明細帳格式

18. 記帳以後，如果發現記帳憑證上應借、應貸的會計科目並無錯誤，只是金額有錯誤，且所錯記的金額小於應記的正確金額，更正錯帳應採用的方法是（　　）。

　　A. 劃線更正法　　　　　　　　B. 紅字更正法
　　C. 補充登記法　　　　　　　　D. 橫線登記法

19. 若記帳憑證無誤，但據以登記的帳簿記錄有誤，應採用的錯帳更正方法是（　　）。

　　A. 劃線更正法　　　　　　　　B. 紅字更正法
　　C. 補充登記法　　　　　　　　D. 編製相反分錄衝減

20. 下列不符合帳簿管理要求的是（　　）。
　　A. 帳簿不能隨意交與其他人員管理
　　B. 各種帳簿應分工明確，指定專人管理
　　C. 會計帳簿只允許在財務室內隨意翻閱查看
　　D. 會計帳簿除需要與外單位核對外，一般不能攜帶外出

21. 在登記帳簿時，如果經濟業務發生日期為 20×5 年 11 月 12 日，編製記帳憑證日期為 11 月 16 日，登記帳簿日期為 11 月 17 日，則帳簿中的「日期」欄登記的時間為（　　）。

　　A. 11 月 12 日　　　　　　　　B. 11 月 16 日
　　C. 11 月 17 日　　　　　　　　D. 11 月 16 日或 11 月 17 日均可

## 二、多項選擇題

1. 下列屬於按用途不同進行分類的帳簿有（　　）。
　　A. 序時帳簿　　　　　　　　　B. 分類帳簿
　　C. 備查帳簿　　　　　　　　　D. 數量金額式帳簿

2. 下列適合採用備查簿進行記錄的有（　　）。
　　A. 應收票據　　　　　　　　　B. 應付票據
　　C. 購入的固定資產　　　　　　D. 經營租入的固定資產

3. 下列屬於序時帳的有（　　）。
　　A. 庫存現金日記帳　　　　　　B. 銀行存款日記帳
　　C. 應收帳款明細帳　　　　　　D. 主營業務收入明細帳

4. 下列適合採用多欄式帳簿的有（　　）。
　　A. 原材料　　　　　　　　　　B. 庫存商品
　　C. 管理費用明細帳　　　　　　D. 主營業務收入明細帳

5. 下列可以用三欄式帳簿登記的有（　　）。
　　A. 總帳　　　　　　　　　　　B. 應收帳款
　　C. 實收資本　　　　　　　　　D. 現金日記帳

6. 下列帳簿適合採用訂本帳的有（　　）。
　　A. 總分類帳　　　　　　　　　B. 庫存現金日記帳
　　C. 銀行存款日記帳　　　　　　D. 固定資產明細帳

7. 必須逐日結出余額的帳簿有（　　）。

A. 庫存現金總帳　　　　　　　　B. 銀行存款總帳
C. 庫存現金日記帳　　　　　　　D. 銀行存款日記帳

8. 在會計帳簿扉頁上填列的內容有（　　　）。
   A. 帳簿名稱　　　　　　　　　　B. 單位名稱
   C. 帳戶名稱　　　　　　　　　　D. 起止頁次

9. 下列情況可以用紅色墨水記帳的有（　　　）。
   A. 按照紅字沖帳的記帳憑證，沖銷錯誤記錄
   B. 在不設借貸等欄的多欄式帳頁中，登記減少數
   C. 在三欄式帳戶的余額欄前，印明余額方向的，在余額欄內登記負數余額
   D. 在三欄式帳戶的余額欄前，未印明余額方向的，在余額欄內登記負數余額

10. 下列說法正確的有（　　　）。
    A. 庫存現金日記帳必須逐日結出余額
    B. 銀行存款日記帳必須逐日結出余額
    C. 沒有余額的帳戶，應當在「借或貸」欄內寫「－」
    D. 凡需要結出余額的帳戶，結出余額后，應當在「借或貸」欄內註明「借」或「貸」字

11. 下列說法不正確的有（　　　）。
    A. 總分類帳最常用的格式為多欄式
    B. 三欄式明細帳中只包括三個欄目
    C. 總分類帳的登記方法取決於所採用的帳務處理程序
    D. 明細分類帳的格式主要有三種：三欄式、多欄式和數量金額式

12. 下列可以作為庫存現金日記帳借方登記依據的有（　　　）。
    A. 庫存現金收款憑證　　　　　　B. 庫存現金付款憑證
    C. 銀行存款收款憑證　　　　　　D. 銀行存款付款憑證

13. 下列可以作為總分類帳登記依據的有（　　　）。
    A. 明細帳　　　　　　　　　　　B. 記帳憑證
    C. 科目匯總表　　　　　　　　　D. 匯總記帳憑證

14. 出納人員可以登記和保管的帳簿有（　　　）。
    A. 庫存現金總帳　　　　　　　　B. 銀行存款總帳
    C. 庫存現金日記帳　　　　　　　D. 銀行存款日記帳

15. 下列關於結帳的表述中，正確的有（　　　）。
    A. 結出當月發生額的，在「本月合計」下面通欄劃單紅線
    B. 12月末，結出全年累計發生額的，在下面通欄劃雙紅線
    C. 12月末，結出全年累計發生額的，在下面通欄劃單紅線
    D. 結出本年累計發生額的，在「本年累計」下面通欄劃單紅線

16. 下列適合採用三欄式明細分類帳核算的有（　　　）。
    A. 原材料　　　　　　　　　　　B. 實收資本
    C. 生產成本　　　　　　　　　　D. 交易性金融資產

17. 下列屬於帳證核對項目的有（　　　）。
    A. 時間　　　　　　　　　　　　B. 金額

        C. 內容 　　　　　　　　　　D. 憑證字號
18. 下列屬於對帳內容的有（　　）。
    A. 日記帳與總分類帳之間的核對
    B. 帳簿記錄與原始憑證之間的核對
    C. 總分類帳簿與其所屬明細分類帳簿之間的核對
    D. 財產物資明細帳帳面余額與財產物資實存數額的核對
19. 下列屬於帳實核對的有（　　）
    A. 銀行存款日記帳帳面余額與銀行對帳單的核對
    B. 應收、應付款明細帳帳面余額與債務、債權單位核對
    C. 財產物資明細帳帳面余額與財產物資實存數額的核對
    D. 庫存現金日記帳帳面余額與庫存現金實際庫存數的核對
20. 下列原因導致的錯帳應該採用紅字更正法更正的有（　　）。
    A. 在當年內發現記帳憑證的會計科目錯誤
    B. 記帳憑證沒有錯誤，登記帳簿時發生錯誤
    C. 記帳后發現記帳憑證的應借、應貸的會計科目沒有錯誤，所記金額大於應記金額
    D. 記帳后發現記帳憑證的應借、應貸的會計科目沒有錯誤，所記金額小於應記金額
21. 下列關於劃線更正法的表述中，正確的有（　　）。
    A. 對於文字錯誤，應當全部劃紅線更正
    B. 對於文字錯誤，可只劃去錯誤的部分
    C. 對於錯誤的數字，應當全部劃紅線更正
    D. 對於錯誤的數字，可以只更正其中的錯誤數字
22. 下列屬於錯帳更正方法的有（　　）。
    A. 補充登記法　　　　　　　　B. 劃線更正法
    C. 部分紅字更正法　　　　　　D. 全部紅字更正法

三、判斷題
1. 登記帳簿時發生的空行、空頁一定要補充書寫，不得註銷。　　　　（　　）
2. 任何單位都必須設置總分類帳。　　　　　　　　　　　　　　　　（　　）
3. 對帳工作就是只需要將會計帳簿與原始憑證、記帳憑證進行核對。　（　　）
4. 企業的分類帳簿必須採用訂本帳。　　　　　　　　　　　　　　　（　　）
5. 結帳時沒有余額的帳戶，應當在「借或貸」欄內用「平」表示。　　（　　）
6. 為了便於管理，「應收帳款」「應付帳款」的明細帳必須採用多欄式明細分類帳格式。　　　　　　　　　　　　　　　　　　　　　　　　　　　　　（　　）
7. 為了保證庫存現金日記帳的安全和完整，庫存現金日記帳無論採用三欄式還是多欄式，外表形式都必須使用訂本帳。　　　　　　　　　　　　　　（　　）
8. 登記帳簿要用藍黑墨水或者碳素墨水書寫，不得使用圓珠筆（銀行的復寫帳簿除外）或者鉛筆書寫。　　　　　　　　　　　　　　　　　　　　　（　　）
9. 帳簿按其用途不同，可分為訂本式帳簿、活頁式帳簿和卡片式帳簿。（　　）

10. 會計帳簿是連接會計憑證與會計報表的中間環節，在會計核算中具有承前啓后的作用，是編製會計報表的基礎。（　　）

11. 我國每個會計主體都採用普通日記帳登記每日庫存現金和銀行存款的收付。（　　）

12. 多欄式明細帳一般適用於資產類帳戶進行明細核算。（　　）

13. 由於記帳憑證錯誤而造成的帳簿記錄錯誤，應採用劃線更正法進行更正。（　　）

14. 採用劃線更正法時，只要將帳頁中個別錯誤數字劃上紅線，再填上正確數字即可。（　　）

15. 記帳憑證中會計帳戶、記帳方向正確，但所記金額大於應記金額而導致帳簿登記金額增加的情況，可採用補充登記法進行更正。（　　）

16. 三欄式帳簿是指具有日期、摘要、金額三個欄目格式的帳簿。（　　）

17. 明細帳一般使用活頁式帳簿，以便根據實際需要隨時增減空白帳頁。（　　）

18. 啟用訂本式帳簿，應當從第一頁到最後一頁的順序編定頁數，不得跳頁、缺號。（　　）

19. 各帳戶在一張帳頁記滿時，必須在該帳頁最后一行結出餘額，並在「摘要」欄註明「轉次頁」字樣。（　　）

20. 補充登記法就是把原來未登記完的業務登記完畢的方法。（　　）

21. 帳簿中書寫的文字和數字上面要留有適當空距，一般應緊靠底線占格距的二分之一，以便發現錯誤時進行修改。（　　）

四、帳務題

（一）20×5 年 3 月，邕桂公司有關資料如下：

月初「庫存現金」帳戶借方余額為 300 元，3 月份發生庫存現金收、付業務如下：

（1）2 日，以庫存現金購入文印用紙 250 元，行政管理辦公室已領用。

（2）2 日，出納員從銀行提取庫存現金 800 元備用。

（3）2 日，以庫存現金 300 元購入文件夾，行政管理辦公室已領用。

（4）10 日，以庫存現金支付市內零星材料採購運雜費 60 元。

（5）15 日，從銀行存款提取庫存現金 28,000 元，備發職工工資。

（6）19 日，庫存現金支付採購機構採購經費 150 元。

（7）30 日，李明報銷差旅費 80 元，以庫存現金支付。

除上述資料外，不考慮其他因素，要求：

（1）編製上述業務會計分錄。

（2）根據收付款憑證登記下方三欄式庫存現金日記帳，結出本期發生額及余額。

表8　　　　　　　　　　　　　　庫存現金日記帳　　　　　　　　　　　單位：元

| 2×15年 | | 憑證 | | 摘要 | 對方科目 | 收入 | 付出 | 余額 |
|---|---|---|---|---|---|---|---|---|
| 月 | 日 | 種類 | 號數 | | | | | |
| 3 | 1 | | | 月初余額 | | | | 300 |
| | | | | | | | | |
| | | | | | | | | |
| | | | | | | | | |
| | | | | | | | | |
| | | | | | | | | |
| | | | | | | | | |
| | | | | | | | | |
| | | | | 本月合計 | | | | |

（二）20×5年，邕桂公司有關資料如下：

（1）1月2日，以銀行存款購買A材料3,000元，材料已驗收入庫。在填製記帳憑證時，誤作貸記「庫存現金」科目，並已據以登記入帳。會計分錄如下：

借：原材料　　　　　　　　　　　　　　　　　　　　　　　3,000
　　貸：庫存現金　　　　　　　　　　　　　　　　　　　　　　3,000

（2）1月20日，從銀行提取現金30,000元，備發工資。誤作下列記帳憑證，並已登記入帳。

借：庫存現金　　　　　　　　　　　　　　　　　　　　　　50,000
　　貸：銀行存款　　　　　　　　　　　　　　　　　　　　　50,000

（3）2月1日接受外單位投入資金180,000元，已存入銀行。在填製記帳憑證時，誤將其金額寫為150,000元，並以登記入帳。

借：銀行存款　　　　　　　　　　　　　　　　　　　　　　150,000
　　貸：實收資本　　　　　　　　　　　　　　　　　　　　　150,000

（4）6月10日，生產A產品領用材料一批，計15,000元。編製的記帳憑證為：

借：生產成本　　　　　　　　　　　　　　　　　　　　　　1,500
　　貸：原材料　　　　　　　　　　　　　　　　　　　　　　1,500

（5）6月30日，分配結轉本月發生的製造費用6,800元。編製的記帳憑證為：

借：生產成本　　　　　　　　　　　　　　　　　　　　　　8,600
　　貸：製造費用　　　　　　　　　　　　　　　　　　　　　8,600

（6）6月30日，預提應由本月負擔的銀行借款利息500元。編製的記帳憑證為：

借：管理費用　　　　　　　　　　　　　　　　　　　　　　500
　　貸：應付利息　　　　　　　　　　　　　　　　　　　　　500

（7）8月31日，結轉本月完工產品生產成本65,000元。編製的記帳憑證為：

借：庫存商品　　　　　　　　　　　　　　　　　　　　　　65,000
　　貸：生產成本　　　　　　　　　　　　　　　　　　　　　65,000

但在登記總帳時，誤記為 56,000 元。

要求：假設不考慮其他因素，請採用適當的方法更正上述各種經濟業務的錯誤記錄。

## 參考答案

### 一、單項選擇題

| | | | | | |
|---|---|---|---|---|---|
| 1. C | 2. B | 3. A | 4. A | 5. C | 6. C |
| 7. B | 8. B | 9. C | 10. B | 11. A | 12. A |
| 13. B | 14. D | 15. C | 16. C | 17. A | 18. C |
| 19. A | 20. C | 21. B | | | |

### 二、多項選擇題

| | | | | | |
|---|---|---|---|---|---|
| 1. ABC | 2. ABD | 3. AB | 4. CD | 5. ABCD | 6. ABC |
| 7. CD | 8. ABD | 9. ABD | 10. ABD | 11. ABD | 12. AD |
| 13. BCD | 14. CD | 15. ABD | 16. BD | 17. ABCD | 18. ABCD |
| 19. ABCD | 20. AC | 21. BC | 22. ABCD | | |

### 三、判斷題

| | | | | | |
|---|---|---|---|---|---|
| 1. × | 2. √ | 3. × | 4. × | 5. √ | 6. × |
| 7. √ | 8. √ | 9. × | 10. √ | 11. × | 12. × |
| 13. × | 14. × | 15. × | 16. × | 17. √ | 18. √ |
| 19. × | 20. × | 21. √ | | | |

### 四、業務題

（一）1. 會計分錄如下：

（1）借：管理費用——辦公費　　　　　　　　　　250
　　　貸：庫存現金　　　　　　　　　　　　　　　　250

（2）借：庫存現金　　　　　　　　　　　　　　　800
　　　貸：銀行存款　　　　　　　　　　　　　　　　800

（3）借：管理費用——辦公費　　　　　　　　　　300
　　　貸：庫存現金　　　　　　　　　　　　　　　　300

（4）借：管理費用——辦公費　　　　　　　　　　60
　　　貸：庫存現金　　　　　　　　　　　　　　　　60

（5）借：庫存現金　　　　　　　　　　　　　　　28,000
　　　貸：銀行存款　　　　　　　　　　　　　　　　28,000

（6）借：管理費用——採購經費　　　　　　　　　150
　　　貸：庫存現金　　　　　　　　　　　　　　　　150

（7）借：管理費用——差旅費　　　　　　　　　　80
　　　貸：庫存現金　　　　　　　　　　　　　　　　80

2. 登記庫存現金日記帳：

表9　　　　　　　　　　　　　庫存現金日記帳　　　　　　　　　　單位：元

| 20×5年 || 憑證 || 摘要 | 對方科目 | 收入 | 付出 | 余額 |
|---|---|---|---|---|---|---|---|
| 月 | 日 | 種類 | 號數 | | | | | |
| 3 | 1 | | | 月初余額 | | | | 300 |
| | 2 | 現付 | 1 | 支付辦公費 | 管理費用 | | 250 | 50 |
| | 2 | 銀付 | 1 | 從銀行提取現金 | 銀行存款 | 800 | | 850 |
| | 2 | 現付 | 2 | 支付辦公費 | 管理費用 | | 300 | 550 |
| | 10 | 現付 | 3 | 支付採購運雜費 | 管理費用 | | 60 | 490 |
| | 15 | 銀付 | 2 | 提現備發工資 | 銀行存款 | 28,000 | | 28,490 |
| | 19 | 現付 | 4 | 支付採購經費 | 管理費用 | | 150 | 28,340 |
| | 30 | 現付 | 5 | 支付差旅費 | 管理費用 | | 80 | 28,260 |
| | 31 | | | 本月合計 | | 28,800 | 840 | 28,260 |

(二)(1) 用「紅字更正法」更正。

用紅字填製一張與原錯誤記帳憑證內容完全相同的記帳憑證，以衝銷原錯誤記錄，並據以入帳。

　　借：原材料　　　　　　　　　　　　　　　3,000

　　　　貸：庫存現金　　　　　　　　　　　　　　　3,000

然后，用藍字填製一張正確的記帳憑證，並據以入帳。

　　借：原材料　　　　　　　　　　　　　　　3,000

　　　　貸：銀行存款　　　　　　　　　　　　　　　3,000

(2) 用「紅字更正法」更正。應將多記的金額編製紅字記帳憑證，並據以入帳：

　　借：庫存現金　　　　　　　　　　　　　　20,000

　　　　貸：銀行存款　　　　　　　　　　　　　　　20,000

(3) 用「補充登記法」更正。應將少記的金額用藍字編製一張與原記帳憑證應借、應貸科目完全相同的記帳憑證，登記入帳：

　　借：銀行存款　　　　　　　　　　　　　　30,000

　　　　貸：實收資本　　　　　　　　　　　　　　　30,000

(4) 用「補充登記法」更正。應將少記的金額編製藍字記帳憑證，並據以入帳：

　　借：生產成本　　　　　　　　　　　　　　13,500

　　　　貸：原材料　　　　　　　　　　　　　　　　13,500

(5) 用「紅字更正法」更正。應將多記的金額編製紅字記帳憑證，並據以入帳：

　　借：生產成本　　　　　　　　　　　　　　1,800

　　　　貸：製造費用　　　　　　　　　　　　　　　1,800

(6) 用「紅字更正法」更正。先編製紅字記帳憑證予以衝銷錯誤的記帳憑證，並

據以入帳：
　　借：管理費用　　　　　　　　　　　　　　　　　　　　500
　　　　貸：應付利息　　　　　　　　　　　　　　　　　　　500
再編製正確的藍字記帳憑證，並據以入帳：
　　借：財務費用　　　　　　　　　　　　　　　　　500
　　　　貸：應付利息　　　　　　　　　　　　　　　　　500

(7) 用「劃線更正法」更正，將「庫存商品」帳戶和「生產成本」帳戶的錯誤記錄用單紅線劃去，再在錯誤金額上方登記正確的金額。

# 第六章 成本計算

## 要點總覽

成本計算原則與基本要求
- 成本計算原則
  - 成本計算原則：直接受益直接分配、共同受益間接分配、重要性原則
- 成本計算基本要求
  - 正確劃分資本性支出與收益性支出的界限
  - 正確劃分存貨成本與期間費用的界限
  - 正確劃分各會計期間的成本界限
  - 正確劃分完工產品與在產品的成本界限

成本計算的基本程序
- 確定成本計算對象、確定成本計算期
- 確定成本項目、歸集分配各類費用，計算完工產品成本

成本計算的一般方法
- 材料採購成本的計算
- 產品生產成本的計算
- 產品銷售成本的計算

## 重點難點

重點
- 成本計算的基本原理
- 成本計算的一般程序
- 成本計算的一般方法

難點：成本計算的一般方法

# 知識點梳理

表 1　　　　　　　　　　第一節　成本計算概述

| 一、成本計算的基本原則 | （一）直接受益直接分配原則 | |
|---|---|---|
| | （二）共同受益間接分配原則 | |
| | （三）重要性原則 | |
| 二、成本計算的基本要求 | （一）嚴格執行企業會計準則中成本開支範圍的規定 | |
| | （二）正確劃分各種成本耗費的界限 | 1. 正確劃分資本性支出與收益性支出的界限<br>2. 正確劃分存貨成本與期間費用的界限<br>3. 正確劃分各會計期間的成本界限<br>4. 正確劃分各種不同產品之間的成本界限<br>5. 正確劃分完工產品與在產品的成本界限 |
| | （三）做好成本核算的各項基礎工作 | 1. 完善定額管理，為編製成本計劃、控制、考核成本耗費提供依據<br>2. 建立健全材料物資的計量、收發、領退、盤點制度<br>3. 完善各項原始記錄<br>4. 制定企業內部結算價格，分析、考核企業內部各單位成本計劃的執行情況<br>5. 及時修訂、完善各項成本管理制度 |
| | （四）選擇適當的成本計算方法 | |
| 三、成本計算的基本程序 | （一）確定成本計算對象 | |
| | （二）確定成本計算期 | |
| | （三）確定成本項目 | |
| | （四）正確歸集和分配各種費用，計算完工產品成本 | |

表 2　　　　　　　　　第二節　企業生產經營過程中的成本計算

| | | |
|---|---|---|
| 一、材料採購成本計算 | （一）材料採購成本的構成 | |
| | （二）材料採購成本的計算方法 | |
| 二、產品生產成本的計算 | （一）產品生產成本的構成 | 1. 直接材料，是指企業在生產產品和提供勞務過程中所消耗的，直接用於產品生產，並構成產品實體的原料、主要材料、外購半成品、包裝物以及有助於產品形成的輔助材料等<br>2. 直接人工，是指企業在生產產品和提供勞務的過程中，直接參加產品生產的生產工人工資以及其他各種形式的職工薪酬<br>3. 製造費用，是指企業為生產產品、提供勞務而發生的，不能直接歸入直接材料和直接人工的各項間接費用，包括雖直接用於產品生產，但不便於直接計入產品成本，沒有專設成本項目的費用（如生產設備的折舊費、生產產品耗用的水電費等）；以及各生產車間為組織、管理生產而發生的屬管理性質的費用（如車間管理人員的工資費用、水電費用、辦公費、勞動保護費等） |
| | （二）產品生產成本的計算方法 | 1. 產品成本計算的一般程序<br>（1）對生產費用進行審核，確定所開支的費用能否計入產品成本，並在此基礎上，將生產費用區分產品成本和期間費用<br>（2）將應當計入產品成本的各項成本費用，區分為應當計入本月產品的成本和應當由以后月份產品負擔的成本<br>（3）將應該計入本月產品成本的各種費用，在各種產品之間按成本項目進行歸集和分配，計算出各種產品的成本<br>（4）對於既有完工產品又有在產品的產品，應採用一定的方法將所歸集的生產費用總和，在完工產品和在產品之間進行合理分配，計算出該種完工產品的成本<br>2. 產品生產成本的計算方法<br>成本計算，通常是以生產部門所生產的各種產品作為成本計算對象，並按各對象的成本項目分別歸集、分配各項生產費用 |
| 三、產品銷售成本的計算 | （一）產品銷售成本的計算要求 | 企業在計算產品銷售成本時，應堅持配比原則，將本期實現的銷售收入與本期發生的費用相配比，不得提前或延遲結轉產品銷售成本，不得多轉或少轉產品銷售成本。另外，企業應結合本企業的生產經營特點和管理要求，選擇正確的成本計算方法，並保持相對的穩定性，不得隨意更改計算方法，人為地調整企業利潤 |
| | （二）產品銷售成本的計算方法 | 1. 先進先出法，是以先取得的存貨先發出為假設前提，按照貨物取得的先后順序，確定發出存貨和期末存貨成本的方法<br>2. 一次加權平均法，又稱全月一次加權平均法或月末加權平均法，是指以月初結存存貨和本月收入存貨的數量為權數，於月末一次計算存貨的加權平均單價，並據以計算發出存貨成本的一種方法<br>3. 移動平均法又稱移動加權平均法，是指在每次購進存貨後，都要根據庫存存貨的數量和成本，重新計算新的存貨平均單價，並作為發出存貨的計價標準，計算發出存貨成本的方法<br>4. 個別計價法也稱個別認定法，是指每次發出存貨的實際成本均按該存貨入庫時的實際成本分別計價的方法。這種方法是將存貨的實物流轉與成本流轉統一起來，按其購入時所確定的單位成本計算發出和結存存貨的實際成本 |

**練習題**

### 一、單項選擇題

1. 下列不屬於工業企業材料採購成本的是（　　）。
   A. 買價　　　　　　　　　　B. 運雜費
   C. 增值稅　　　　　　　　　D. 進口關稅
2. 下列不屬於產品生產成本內容的是（　　）。
   A. 直接材料　　　　　　　　B. 銷售費用
   C. 直接人工　　　　　　　　D. 製造費用
3. 下列支出中，不屬於收益性支出的是（　　）。
   A. 工資支出　　　　　　　　B. 廣告費支出
   C. 辦公費支出　　　　　　　D. 購建固定資產支出
4. 生產車間管理人員的工資費用，應記入的帳戶是（　　）。
   A. 生產成本　　　　　　　　B. 管理費用
   C. 銷售費用　　　　　　　　D. 製造費用

### 二、多項選擇題

1. 下列屬於製造業產品成本項目的有（　　）。
   A. 折舊費　　　　　　　　　B. 直接人工
   C. 製造費用　　　　　　　　D. 直接材料
2. 影響材料採購成本計算結果正確性的有（　　）。
   A. 費用　　　　　　　　　　B. 淨損益
   C. 資產結存價值　　　　　　D. 資產發出價值
3. 下列項目中，屬於期間費用的有（　　）。
   A. 管理費用　　　　　　　　B. 製造費用
   C. 銷售費用　　　　　　　　D. 財務費用
4. 在物價持續上漲或下跌時期，對利潤影響較小的存貨計價方法有（　　）。
   A. 加權平均法　　　　　　　B. 先進先出法
   C. 移動平均法　　　　　　　D. 個別計價法

### 三、計算題

資料：邕桂公司20×5年5月初，甲材料庫存餘額為4,000千克，單位成本為200元。5月份發生如下材料購入與發出業務：

(1) 5月2日，購進12,000千克，單位成本為240元。
(2) 5月6日，生產領用11,000千克。
(3) 5月12日，購進4,000千克，單價為220元。
(4) 5月18日，生產領用7,000千克。

要求：除上述資料外，不考慮其他因素，請分別採用先進先出法、加權平均法計算本月發出材料的成本。

# 參考答案

## 一、單項選擇題

1. C     2. B     3. D     4. D

## 二、多選題

1. BCD     2. CD     3. ACD     4. AC

## 三、計算題

先進先出法：

發出存貨成本＝4,000×200+7,000×240+5,000×240+2,000×220＝4,120,000（元）

加權平均法：

加權平均單價＝（4,000×200+12,000×240+4,000×220）÷（4,000+12,000+4,000）＝228（元）

發出存貨成本＝228×18,000＝4,104,000（元）

# 第七章 財產清查

## 要點總覽

- 財產清查概述
  - 財產清查的概念、財產清查的原因及作用
  - 財產清查的種類
    - 按對象和範圍劃分：全面清查、局部清查
    - 按清查時間劃分：定期清查、不定期清查
    - 按執行單位劃分：內部清查、外部清查
    - 按清查內容劃分：貨幣資金清查、實物資產清查、往來款項清查
  - 財產清查前準備工作
    - 組織準備
    - 業務準備
- 財產清查的方法
  - 財產物資盤存制度
    - 永續盤存制度
    - 實地盤存制度
  - 財產清查具體方法
    - 庫存現金的清查方法
    - 銀行存款的清查方法
    - 實物財產的清查方法
    - 往來款項的清查方法
- 財產清查結果的帳務處理
  - 財產清查結果處理程序
  - 財產清查結果處理的帳戶設置：「待處理財產損溢」
  - 財產清查結果的處理
    - 審批前
    - 審批后

## 重點難點

- 重點
  - 財產清查的作用和種類
  - 財產清查的方法
  - 未達帳項及銀行余額調節表的編製
  - 財產清查結果的帳務處理
- 難點
  - 銀行存款余額調節表的編製
  - 財產清查結果的帳務處理

## 知識點梳理

表 1　　　　　　　　　　第一節　財產清查概述

| | | |
|---|---|---|
| 一、財產清查的概念及作用 | (一) 財產清查的概念 | 財產清查是指通過對企業各項財產物資進行實地盤點與核對，查明其實有數額，並確定實存數與帳面數是否相符的一種專門的會計核算方法 |
| | (二) 財產清查的作用 | 1. 確保會計核算資料的真實性和可靠性<br>2. 建立健全財產物資管理制度，保證財產物資安全完整<br>3. 提高財產物資使用效能，加速資金週轉<br>4. 保證財經紀律和責任制度貫徹執行 |
| 二、財產清查前的準備工作 | (一) 組織準備 | 企業應在進行財產清查時成立專門的財產清查領導小組，負責財產清查的具體實施工作 |
| | (二) 業務準備 | 1. 會計部門人員應在財產清查前將有關帳簿登記齊全，結出餘額，並認真核對，為財產清查提供可靠依據<br>2. 財產物資保管部門應在財產清查前將待清查的財產物資整理好，排列整齊，以便盤點時查對<br>3. 業務部門和其他有關部門準備必要的計量器和有關清查登記用的記錄表單，在業務上做好相關準備 |
| 三、財產清查的種類與內容 | (一) 按財產清查的對象和範圍進行分類 | 1. 全面清查<br>(1) 概念：對一個企業的所有財產物資、貨幣資金、債權債務進行的全面盤點和核對<br>(2) 特點：清查範圍廣、清查內容多，須投入較多人力、物力、耗時較長、工作量大<br>(3) 適用範圍：<br>a. 年終決算之前<br>b. 單位撤銷、合併或改變隸屬關係時<br>c. 單位主要負責人調離工作崗位時<br>d. 開展資產評估、清產核資時<br>e. 企業進行股份制改制前 |
| | | 2. 局部清查<br>(1) 概念：根據有關規定或管理需要，只對企業的部分財產物資、貨幣資金、債權債務進行盤點和核對<br>(2) 特點：清查範圍小、針對性強、耗時短<br>(1) 適用範圍：<br>a. 對於庫存現金，每日業務終了應由出納人員進行清點核對<br>b. 對於銀行存款，應由出納員至少每月與銀行核對一次<br>c. 對於各種存貨，應有計劃、有重點地抽查，尤其對貴重物品，每月應清查盤點一次<br>d. 對於各種債權債務，每年至少與對方核對一次 |
| | (二) 按財產清查的時間進行分類 | 1. 定期清查<br>(1) 概念：指根據事先計劃或管理制度規定好的時間對財產物資進行的清查<br>(2) 適用範圍：通常定期清查都在年末、季末或月末結帳前進行 |
| | | 2. 不定期清查<br>(1) 概念：又稱臨時清查，是指事先不規定清查時間，而是根據實際情況的要求隨時組織進行的臨時性檢查<br>(2) 適用範圍：<br>a. 企業在更換財產物資保管人員、現金保管人員 (出納) 時<br>b. 財產物資由於自然災害或不可抗力發生意外損失時<br>c. 上級機關、審計部門、財稅部門要求對企業進行臨時性檢查時<br>d. 企業發生撤銷、合併、重組、清算等改變隸屬關係業務時 |
| | (三) 按財產清查的執行單位進行分類 | 1. 內部清查<br>是指全部由本企業內部職工組成清查小組來完成財產清查工作，這種自行組織的清查也稱為「自查」 |
| | | 2. 外部清查<br>指由企業以外的有關部門或有關人員根據國家有關規定對企業實體進行財產清查 |
| | (四) 按財產清查的內容進行分類 | 1. 貨幣資金清查<br>主要是對企業庫存現金、銀行存款、股票、債券、基金等的清查 |
| | | 2. 實物資產清查<br>主要是指對企業各種具有實物形態的資產進行清查，包括：固定資產、原材料、庫存商品等 |
| | | 3. 往來款項清查<br>主要是指對企業的債權債務，如對應收帳款、其他應收款、應付帳款、其他應付款等進行查詢核對 |

表 2　　　　第二節　財產清查的方法（1）財產物資的盤存制度

| | | |
|---|---|---|
| （一）永續盤存制（帳面盤存制） | 特點 | 1. 帳面平時記錄收入、發出、結餘數<br>2. 定期或不定期進行實地盤點，以保證帳實相符 |
| | 公式 | 帳面期末餘額＝帳面期初餘額＋本期增加額－本期減少額 |
| | 優缺點 | 可加強對財產物資的管理，隨時掌握每種財產物資的收入、發出及結存情況，但核算工作量較大 |
| （二）實地盤存制（以存計耗制） | 特點 | 1. 帳面登記存貨增加數，不計發出、結餘數<br>2. 期末進行實地盤點確定結存數<br>3. 倒擠推算本期發出存貨成本 |
| | 公式 | 本期減少數＝帳面期初餘額＋本期增加數－期末實地盤存數 |
| | 優缺點 | 核算工作簡單，但財產物資的收發手續不嚴密 |

表 3　　　　第二節　財產清查的方法（2）財產清查的具體方法

| | | |
|---|---|---|
| （一）貨幣資金的清查 | 1. 庫存現金的清查 | （1）概念：通過清點庫存現金票數來確定現金實存數，然后與庫存現金日記帳的帳面餘額進行核對，以查明帳實是否相符<br>（2）清查方法：實地盤點法<br>（3）清查手續：填製「庫存現金盤點報告表」 |
| | 2. 銀行存款的清查 | （1）概念：主要是指將本單位的銀行存款日記帳與開戶銀行提供的「對帳單」相核對，以防止記帳差錯，掌握銀行存款實存數<br>（2）清查方法：企業銀行存款日記帳與銀行存款對帳單逐筆核對<br>（3）未達帳項：企業已收，銀行未收；企業已付，銀行未付；銀行已收，企業未收；銀行已付，企業未付<br>（4）清查手續：調整未達帳項，編製銀行存款餘額調節表 |
| （二）實物財產的清查方法 | | （1）概念：是指對各種具有實物形態的各種財產，如原材料、在產品、庫存商品、包裝物、低值易耗品、固定資產等在數量和質量上進行的清查<br>（2）清查方法：實地盤點法、技術推算法<br>（3）清查手續：進行財產清查時，有關實物財產的保管人員必須在場。對於各項實物財產的盤點結果，如實編製「實物盤存表」「實存帳存對比表」 |
| （三）往來款項的清查 | | （1）概念：是指對各種應收帳款、應付帳款、其他應收款、其他應付款的清查<br>（2）清查方法：詢證核對法<br>（3）清查手續：企業根據收回的「往來款項對帳單」回單，填製「往來款項清查表」 |

表 4　　　　　　　　第三節　財產清查結果的處理（1）

| 一、財產清查結果的處理程序 | （一）核准金額和數量，認真查明差異原因<br>（二）調整帳簿記錄，保證帳實相符<br>（三）報請批准后進行帳務處理 | | |
|---|---|---|---|
| 二、財產清查結果的帳務處理 | （一）帳戶設置 | 借方　　　　　　　待處理財產損溢　　　　　　　貸方 | |
| | | （1）清查時發現的盤虧數<br>（2）批准轉銷的待處理財產盤盈數 | （1）清查時發現的盤盈數<br>（2）批准轉銷的待處理財產盤虧或毀損數 |
| | | 處理前余額：尚待批准處理的淨損失 | 處理前余額：尚待批准處理的淨溢余 |
| | | 期末處理后無余額 | 期末處理后無余額 |
| | （二）財產清查結果的會計處理 | 1. 庫存現金清查結果的會計處理<br>2. 存貨清查結果的會計處理<br>3. 固定資產清查結果的會計處理<br>4. 往來款項清查結果的會計處理 | |

表 5　　　　　第三節　財產清查結果的處理（2）庫存現金清查結果的會計處理

| 項目 | 查明原因前（審批前） | 查明原因后（審批后） |
|---|---|---|
| 長款（溢余） | 借：庫存現金<br>　　貸：待處理財產損溢——待處理流動資產損溢 | 借：待處理財產損溢——待處理流動資產損溢<br>　　貸：營業外收入（無法查明原因） |
| 短款（盤虧） | 借：待處理財產損溢——待處理流動資產損溢<br>　　貸：庫存現金 | 借：其他應收款（索賠）<br>　　管理費用（無法查明原因）<br>　　貸：待處理財產損溢——待處理流動資產損溢 |

表 6　　　　　　第三節　財產清查結果的處理（3）存貨清查結果的會計處理

| 項目 | 查明原因前（審批前） | 查明原因后（審批后） |
|---|---|---|
| 盤盈 | 借：原材料<br>　　貸：待處理財產損溢——待處理流動資產損溢 | 借：待處理財產損溢——待處理流動資產損溢<br>　　貸：管理費用（無法查明原因） |
| 盤虧 | 借：待處理財產損溢——待處理流動資產損溢<br>　　貸：原材料 | 借：其他應收款（索賠）<br>　　營業外支出（非常損失）<br>　　管理費用（合理損耗、短缺）<br>　　貸：待處理財產損溢——待處理流動資產損溢 |

表7　　　第三節　財產清查結果的處理（4）固定資產清查結果的會計處理

| 項目 | 查明原因前（審批前） | 查明原因后（審批后） |
|---|---|---|
| 盤盈 | 通過「以前年度損益調整」帳戶進行核算，后續有關課程介紹 | |
| 盤虧 | 借：待處理財產損溢——待處理固定資產損溢<br>　　累計折舊（已提折舊）<br>　貸：固定資產（帳面原值） | 借：營業外支出<br>　貸：待處理財產損溢——待處理固定資產損溢 |

表8　　　第三節　財產清查結果的處理（5）往來款項清查結果的會計處理

| （1）無法收回的應收帳款 | 經有關部門批准后，應衝減已提取的「壞帳準備」科目<br>借：壞帳準備<br>　貸：應收帳款 |
|---|---|
| （2）無法償付的應付帳款 | 經批准后予以轉銷，直接記入「營業外收入」<br>借：應付帳款<br>　貸：營業外收入 |

# 練習題

## 一、單項選擇題

1. 企業對各項財產物資進行實地盤點與核對，其主要目的是（　　）。
   A. 查明帳實相符　　　　　　　B. 查明帳證相符
   C. 查明帳帳相符　　　　　　　D. 查明帳表相符

2. 通過設置存貨明細帳，並根據會計憑證對各項存貨的增加數和減少數進行連續記錄，從而可隨時結算出各類存貨的帳面結存數額的一種核算方法，稱為（　　）。
   A. 實地盤存制　　　　　　　　B. 收付實現制
   C. 永續盤存制　　　　　　　　D. 權責發生制

3. 單位撤銷、合併或改變隸屬關係時，為了明確經濟責任，需要進行的是（　　）。
   A. 全面清查　　　　　　　　　B. 局部清查
   C. 定期清查　　　　　　　　　D. 實地清查

4. 單位在年末、季末或月末結帳時，都需要進行的是（　　）。
   A. 臨時清查　　　　　　　　　B. 現金清查
   C. 定期清查　　　　　　　　　D. 不定期清查

5. 當發現存貨盤盈時，在報經有關部門批准后，應貸記的會計科目是（　　）。
   A. 管理費用　　　　　　　　　B. 營業外收入
   C. 其他業務收入　　　　　　　D. 待處理財產損溢

6. 採用實地盤存制，在帳簿記錄中能反應的是（　　）。
   A. 發出的存貨數量　　　　　　B. 財產物資的減少數
   C. 商品的銷售業務　　　　　　D. 財產物資的增加數

7. 用來記錄和反應各項財產物資在盤點日實有數量的盤存單是（　　）。
　　A. 記帳憑證　　　　　　　　　B. 轉帳憑證
　　C. 自製原始憑證　　　　　　　D. 外來原始憑證
8. 對往來款項的清查應採用的方法是（　　）。
　　A. 估算法　　　　　　　　　　B. 詢證核對法
　　C. 實地盤點法　　　　　　　　D. 技術推算盤點法
9. 對於大堆、難以清點的材料物資進行清查盤點時，一般採用的方法是（　　）。
　　A. 查詢核對法　　　　　　　　B. 抽查檢驗法
　　C. 實地盤點法　　　　　　　　D. 技術推算盤點法
10. 某公司在財產清查中盤盈材料一批，原因待查，此時進行會計帳務處理依據的是（　　）。
　　A. 發貨單　　　　　　　　　　B. 進貨單
　　C. 實物盤存單　　　　　　　　D. 實存帳存對比表
11. 「待處理財產損溢」科目期末處理前借方余額表示的是（　　）。
　　A. 已處理的財產盤虧
　　B. 結轉已批准處理的財產盤虧
　　C. 尚待批准處理的財產淨損失
　　D. 批准結轉的待處理財產盤盈數
12. 在財產清查中盤虧的固定資產，在報經批准後，應將扣除有關責任或保險公司的賠償後的淨損失計入相關帳戶的借方，該帳戶是（　　）。
　　A. 管理費用　　　　　　　　　B. 營業外支出
　　C. 其他應收款　　　　　　　　D. 其他業務成本
13. 在財產清查中發現存貨盤虧，若屬於自然原因產生的定額內的合理損耗，經批准應轉入的帳戶是（　　）。
　　A. 管理費用　　　　　　　　　B. 財務費用
　　C. 營業外支出　　　　　　　　D. 其他應收款
14. 在財產清查中發現存貨盤虧，屬於自然災害或意外事故造成的存貨毀損，扣除保險公司賠款和殘料價值後的余額，應計入的帳戶是（　　）。
　　A. 管理費用　　　　　　　　　B. 財務費用
　　C. 營業外支出　　　　　　　　D. 其他應收款
15. 發現存貨盤盈時，在報經有關部門批准後，通常應計入的是（　　）。
　　A.「營業外收入」科目的貸方　　B.「管理費用」科目的借方
　　C.「管理費用」科目的貸方　　　D.「待處理財產損溢」科目的貸方
16. 以下情況中宜採用局部清查的是（　　）。
　　A. 企業清產核資
　　B. 年終決算前進行的清查
　　C. 企業更換單位主要負責人時
　　D. 出納員每日業務終了對庫存現金清點核對
17. 某企業銀行存款日記帳余額為 58,000 元，銀行送來對帳單余額為 56,200 元，經核對發現，銀行已收、企業未收款項為 10,000 元，企業已付、銀行未付款項為

2,000元，銀行已付、企業未付款項8,000元，企業已收、銀行未收款項5,800元，假設不考慮其他因素，調整后銀行存款余額是（　　）。

  A. 54,000元　　　　　　　　　B. 56,000元
  C. 60,000元　　　　　　　　　D. 62,000元

18. 下列業務不需要通過「待處理財產損溢」科目核算的是（　　）。
  A. 材料盤虧　　　　　　　　　B. 產成品丟失
  C. 固定資產盤虧　　　　　　　D. 無法收回的應收帳款

19. 某企業5月30日編製銀行存款余額調節表，則5月30日該企業可用的實際存款額是（　　）。
  A. 調節表中顯示的調節后余額86,600元
  B. 5月30日銀行開出的對帳單余額75,500元
  C. 5月30日企業存款日記帳帳面余額90,000元
  D. 對帳單余額與日記帳余額之間的差額14,500元

20. 現金清查的方法是（　　）。
  A. 實地盤點法　　　　　　　　B. 技術推算法
  C. 外調核對法　　　　　　　　D. 與銀行對帳單核對

## 二、多項選擇題

1. 按對象和範圍劃分，財產清查的種類有（　　）。
  A. 全面清查　　　　　　　　　B. 定期清查
  C. 局部清查　　　　　　　　　D. 不定期清查

2. 不定期清查又稱臨時清查，下列情況中需要進行不定期清查的有（　　）。
  A. 企業年終決算之前
  B. 企業在更換財產物資保管人員時
  C. 由於自然災害或不可抗力發生意外損失時
  D. 企業發生重組、合併等改變隸屬關係業務時

3. 按執行單位劃分，財產清查的種類有（　　）。
  A. 內部清查　　　　　　　　　B. 外部清查
  C. 定期清查　　　　　　　　　D. 不定期清查

4. 財產物資的盤存制度，又叫作財產物資數量的盤存方法。按照確定財產物資帳面結存數的依據不同，財產物資的盤存制度有（　　）。
  A. 永續盤存制　　　　　　　　B. 帳目盤存制
  C. 實地盤存制　　　　　　　　D. 現金盤存制

5. 造成企業銀行存款日記帳余額小於銀行對帳單余額的未達帳項有（　　）。
  A. 企業已收款入帳，而銀行尚未收款入帳的款項
  B. 企業已付款入帳，而銀行尚未付款入帳的款項
  C. 銀行已收款入帳，而企業尚未收款入帳的款項
  D. 銀行已付款入帳，而企業尚未付款入帳的款項

6. 以下屬於「待處理財產損溢」帳戶貸方登記的有（　　）。
  A. 發生的待處理財產盤盈數　　B. 發生的待處理財產盤虧數

C. 已批准處理的財產盤虧轉銷數　　D. 已批准處理的財產盤盈轉銷數
7. 企業在進行全面清查前，應做好的準備工作有（　　）。
　　A. 組建財產清查小組
　　B. 將各種財產物資整理好，排列整齊
　　C. 將有關帳簿登記齊全，並確保帳帳、帳證相符
　　D. 準備好必要的計量器和空白的清產盤存單據表
8. 下列情況中要進行全面清查的有（　　）。
　　A. 年終決算之前　　　　　　　　B. 更換倉庫報保管員
　　C. 單位主要負責人調離工作崗位前　D. 單位撤銷、合併或改變隸屬關係時
9. 下列財產物資進行清查應採用實地盤點法的有（　　）。
　　A. 現金清查　　　　　　　　　　B. 存貨清查
　　C. 銀行存款清查　　　　　　　　D. 往來款項清查
10. 下列財產物資的清查應採用詢證核對法的有（　　）。
　　A. 原材料　　　　　　　　　　　B. 應收帳款
　　C. 應付帳款　　　　　　　　　　D. 庫存現金
11. 當存貨發生盤虧或毀損，在報經批准後，可能轉入的帳戶有（　　）。
　　A. 管理費用　　　　　　　　　　B. 應收帳款
　　C. 其他應收款　　　　　　　　　D. 營業外支出
12. 下列表格中，可用作原始憑證，據以調整帳簿記錄的有（　　）。
　　A. 實存帳存對比表　　　　　　　B. 往來款項對帳單
　　C. 現金盤點報告單　　　　　　　D. 銀行存款餘額調節表
13. 下列關於「實存帳存對比表」的說法中，正確的有（　　）。
　　A. 「實存帳存對比表」是外來原始憑證
　　B. 「實存帳存對比表」是明確經濟責任的依據
　　C. 「實存帳存對比表」是資產負債表的附表之一
　　D. 「實存帳存對比表」是調整帳簿記錄的原始憑證
14. 下列關於「銀行存款餘額調節表」的說法中，正確的有（　　）。
　　A. 「銀行存款餘額調節表」只起到對帳的作用
　　B. 「銀行存款餘額調節表」是銀行存款清查的方法
　　C. 「銀行存款餘額調節表」是調節帳面餘額的原始憑證
　　D. 如果存在未達帳項，就應該編製「銀行存款餘額調節表」
15. 對固定資產盤虧結果的處理，下列說法中正確的有（　　）。
　　A. 填製「固定資產盤點盈虧報告表」
　　B. 報經批准後，轉入「管理費用」帳戶
　　C. 應按盤虧的固定資產帳面價值借記「待處理財產損溢」帳戶
　　D. 按帳面已提折舊借記「累計折舊」帳戶，貸記「固定資產」帳戶
16. 對往來款項清查結果的會計處理，下列說法中正確的有（　　）。
　　A. 可以不通過「待處理財產損溢」帳戶進行核算
　　B. 批准前，通過「待處理財產損溢」帳戶進行核算
　　C. 對無法收回的應收帳款，經批准後衝減「壞帳準備」帳戶

D. 對無法償付的應付帳款，經批准后予以轉銷，直接記入「營業外收入」
17. 對存貨盤虧結果的會計處理，下列說法中正確的有（　　）。
　　A. 屬於定額內的合理損耗，經批准轉作「管理費用」
　　B. 由於計量、收發差錯造成的存貨短缺應計入「營業外支出」
　　C. 屬於自然災害造成的存貨毀損，扣除賠款和殘料價值后的余額計入「營業外支出」
　　D. 由於管理不善等造成的存貨短缺，扣除賠款和殘料價值后的余額計入「管理費用」
18. 造成帳實不符的原因有（　　）。
　　A. 帳簿的漏記、錯記　　　　　B. 財產物資收發計量錯誤
　　C. 存儲中發生自然損耗　　　　D. 發生意外災害造成損失
19. 實物財產清查常用的方法有（　　）。
　　A. 實地盤點法　　　　　　　　B. 詢證核對法
　　C. 技術推算法　　　　　　　　D. 核對帳目法
20. 庫存現金清查的主要內容有（　　）。
　　A. 是否有未達帳項　　　　　　B. 是否有白條抵庫
　　C. 是否坐支庫存現金　　　　　D. 是否超限額留存庫存現金

### 三、判斷題

1. 企業的定期清查一般是在期末進行，可以是全面清查，也可以是局部清查。（　　）
2. 全面清查是定期進行的，局部清查是不定期進行的。（　　）
3. 單位主要負責人調離工作崗位前需要進行局部清查。（　　）
4. 永續盤存制是指對企業各項財產物資的增減變動情況，平時只記錄增加數，不登記減少數。（　　）
5. 在進行現金清查時，出納人員作為財會人員不應在場。（　　）
6. 「庫存現金盤點報告表」填製完畢，盤點人員和出納員共同簽章方能生效。（　　）
7. 對於未達帳項，應編製銀行存款余額調節表。（　　）
8. 通過銀行存款余額調節表計算得出的企業銀行存款日記帳余額與銀行對帳單余額相符，說明企業和銀行雙方記帳過程完全正確。（　　）
9. 實物財產的清查一般採用核對帳目的方法進行。（　　）
10. 為了反應各單位在財產清查過程中查明的財產盈虧、毀損及其處理情況，應設置「待處理財產損溢」帳戶，該帳戶屬於資產類帳戶。（　　）
11. 盤盈的存貨在查明原因后應計入「營業外收入」帳戶。（　　）
12. 對財產清查結果的會計處理一般分兩步進行，即審批前先調整帳面的記錄，審批后轉入有關帳戶。（　　）
13. 技術推算法是指利用一定的技術方法對財產物資的實存數進行推算的一種方法，這種方法適用於數量大、難以逐一清點、而價值又低的財產物資。（　　）
14. 屬於計量、收發差錯或管理不善等造成的存貨短缺或損毀，應先扣過失人賠款

和殘料價值後，將餘額計入「營業外支出」。　　　　　　　　　　　（　　）

15. 銀行存款餘額調節表是調節帳面餘額的原始憑證。　　　　　　（　　）

### 四、計算題

1. 北方公司 20×5 年 10 月 31 日「銀行存款」帳戶餘額為 58,600 元，「銀行對帳單」餘額為 60,800 元，企業和銀行雙方檢查帳面後發現帳面記錄均無錯誤，經核對存在如下未達帳項：

（1）10 月 30 日，企業開出轉帳支票預付下半年報紙雜誌訂閱費 850 元，企業已經登記銀行存款減少，但持票人尚未到銀行辦理，銀行未入帳；

（2）10 月 31 日，企業收到銷售產品轉帳支票一張 2,900 元，企業已記銀行存款的增加，但銀行尚未入帳；

（3）10 月 31 日，銀行代收廣西華新廠貨款 5,500 元，銀行已經入帳，但尚未通知企業，企業尚未入帳；

（4）10 月 31 日，銀行代企業支付水電費 1,250 元，銀行已登記企業存款減少，但尚未通知企業，企業尚未入帳。

除上述資料外，不考慮其他因素，要求：

根據以上資料編製北方公司 10 月 31 日銀行存款餘額調節表（表 9）。

表 9　　　　　　　　　　　　　銀行存款餘額調節表

年　月　日　　　　　　　　　　　　　　　　　　　　單位：元

| 項目 | 金額 | 項目 | 金額 |
| --- | --- | --- | --- |
| 企業存款日記帳餘額<br>加：銀行已收，企業未收款<br>減：銀行已付，企業未付款 |  | 銀行對帳單餘額<br>加：企業已收，銀行未收款<br>減：企業已付，銀行未付款 |  |
| 調整後的存款餘額 |  | 調整後的存款餘額 |  |

2. 南都公司 20×5 年 9 月 30 日銀行存款日記帳帳面餘額為 83,000 元，銀行對帳單餘額為 71,000 元。假定企業和銀行雙方記帳沒有錯誤。經核對，存在以下未達帳項：

（1）9 月 29 日，銀行代收銷售貨款 5,900 元，銀行已收款入帳，但企業尚未收到收款通知，未入帳。

（2）9 月 29 日企業送存銀行銷售取得的轉帳支票一張，共 18,600 元，銀行尚未入帳。

（3）9 月 30 日，企業購買原材料，開出轉帳支票 4,200 元，持票人尚未到銀行辦理轉帳手續，銀行未入帳。

（4）銀行代企業支付本月電費 3,500 元，銀行付款入帳，但企業尚未收到付款通知，未入帳。

除上述資料外，不考慮其他因素，要求：

編製南都公司 9 月 30 日銀行存款餘額調節表（表 10）。

表10　　　　　　　　　　銀行存款余額調節表
　　　　　　　　　　　　　　年　月　日　　　　　　　　　　　　　　單位：元

| 項目 | 金額 | 項目 | 金額 |
|---|---|---|---|
| 企業存款日記帳余額<br>加：銀行已收，企業未收款<br>減：銀行已付，企業未付款 | | 銀行對帳單余額<br>加：企業已收，銀行未收款<br>減：企業已付，銀行未付款 | |
| 調整后的存款余額 | | 調整后的存款余額 | |

### 五、帳務處理題

勝達公司 20×5 年 12 月進行財產清查時，發現以下盤虧、盤盈情況：

（1）盤盈甲材料 2,000 元，經查明是由於之前計量工具不準所致，經批准衝減當月的管理費用；

（2）盤虧乙材料 5,000 元，經查明是由於自然災害造成，由保險公司賠償 2,000 元，銷售殘料收入現金 500 元；

（3）盤虧丙材料 10 千克，每千克 60 元，經核查發現其中的 7 千克是定額內損耗，其餘 3 千克是保管人員劉某失職所致，應由其負責賠償；

（4）盤虧某設備一臺，原價 15,000 元，帳面已計提折舊 5,000 元。經查明是由於保管不善造成，經審批后計入營業外支出；

（5）庫存現金短款 200 元，經核實是由於出納員秦某過失造成，經審批由其賠償；

（6）應收華鼎公司帳款 20,000 元，該筆應收帳款已超過五年，經批准作為壞帳損失處理，予以註銷。

除上述資料外，不考慮其他因素，要求：根據以上業務編製有關的會計分錄。

## 參考答案

### 一、單項選擇題

| 1. A | 2. C | 3. A | 4. C | 5. A | 6. D |
| 7. C | 8. B | 9. D | 10. D | 11. C | 12. B |
| 13. A | 14. C | 15. C | 16. D | 17. C | 18. D |
| 19. A | 20. A | | | | |

### 二、多項選擇題

| 1. AC | 2. BCD | 3. AB | 4. AC | 5. BC | 6. AC |
| 7. ABCD | 8. ACD | 9. AB | 10. BC | 11. ACD | 12. AC |
| 13. ABD | 14. ABD | 15. ACD | 16. ACD | 17. ACD | 18. ABCD |
| 19. AC | 20. ABCD | | | | |

### 三、判斷題

| 1. √ | 2. × | 3. × | 4. × | 5. × | 6. √ |

7. √　　　8. ×　　　9. ×　　　10. √　　　11. ×　　　12. √
13. √　　　14. ×　　　15. ×

## 四、計算題

1. 北方公司 10 月 31 日銀行存款余額調節表編製如表 11 所示。

表 11　　　　　　　　　　　銀行存款余額調節表

20×5 年 10 月 31 日　　　　　　　　　　　單位：元

| 項目 | 金額 | 項目 | 金額 |
|---|---|---|---|
| 企業存款日記帳余額 | 58,600 | 銀行對帳單余額 | 60,800 |
| 加：銀行已收，企業未收款 | 5,500 | 加：企業已收，銀行未收款 | 2,900 |
| 減：銀行已付，企業未付款 | 1,250 | 減：企業已付，銀行未付款 | 850 |
| 調整后的存款余額 | 62,850 | 調整后的存款余額 | 62,850 |

2. 南都公司 9 月 30 日銀行存款余額調節表編製如表 12 所示。

表 12　　　　　　　　　　　銀行存款余額調節表

20×5 年 9 月 30 日　　　　　　　　　　　單位：元

| 項目 | 金額 | 項目 | 金額 |
|---|---|---|---|
| 企業存款日記帳余額 | 83,000 | 銀行對帳單余額 | 71,000 |
| 加：銀行已收，企業未收款 | 5,900 | 加：企業已收，銀行未收款 | 18,600 |
| 減：銀行已付，企業未付款 | 3,500 | 減：企業已付，銀行未付款 | 4,200 |
| 調整后的存款余額 | 85,400 | 調整后的存款余額 | 85,400 |

## 五、帳務處理題

編製上述業務編製會計分錄如下：

（1）審批前，作如下會計處理：

借：原材料——甲材料　　　　　　　　　　　　　　　　　　2,000
　　貸：待處理財產損溢——待處理流動資產損溢　　　　　　2,000

審批后，作如下會計處理：

借：待處理財產損溢——待處理流動資產損溢　　　　　　　2,000
　　貸：管理費用　　　　　　　　　　　　　　　　　　　　2,000

（2）審批前，作如下會計處理：

借：待處理財產損溢——待處理流動資產損溢　　　　　　　5,000
　　貸：原材料——乙材料　　　　　　　　　　　　　　　　5,000

審批后，作如下會計處理：

借：其他應收款——保險公司　　　　　　　　　　　　　　2,000
　　庫存現金　　　　　　　　　　　　　　　　　　　　　　500
　　營業外支出　　　　　　　　　　　　　　　　　　　　2,500
　　貸：待處理財產損溢——待處理流動資產損溢　　　　　　5,000

(3) 審批前，作如下會計處理：
借：待處理財產損溢——待處理流動資產損溢　　　　　600
　　貸：原材料——丙材料　　　　　　　　　　　　　　　　　600
審批后，作如下會計處理：
借：其他應收款——劉某　　　　　　　　　　　　　　180
　　管理費用　　　　　　　　　　　　　　　　　　　　420
　　貸：待處理財產損溢——待處理流動資產損溢　　　　　　600
(4) 審批前，作如下會計處理：
借：待處理財產損溢——待處理固定資產損溢　　　　10,000
　　累計折舊　　　　　　　　　　　　　　　　　　5,000
　　貸：固定資產　　　　　　　　　　　　　　　　　　　15,000
經批准予以轉銷，作如下會計分錄：
借：營業外支出——固定資產盤虧　　　　　　　　　10,000
　　貸：待處理財產損溢——待處理固定資產損溢　　　　　10,000
(5) 審批前，作如下會計處理：
借：待處理財產損溢——待處理流動資產損溢　　　　　200
　　貸：庫存現金　　　　　　　　　　　　　　　　　　　　200
經核查，屬於出納員責任，經批准應由其賠償，會計處理如下：
借：其他應收款——秦某　　　　　　　　　　　　　　200
　　貸：待處理財產損溢——待處理流動資產損溢　　　　　　200
(6) 應收華鼎公司帳款經批准作為壞帳，作如下會計分錄：
借：壞帳準備　　　　　　　　　　　　　　　　　20,000
　　貸：應收帳款——華鼎公司　　　　　　　　　　　　　20,000

# 第八章 財務會計報告

## 要點總覽

財務會計報告概述 ─┬─ 財務會計報告的構成：四表一附註
　　　　　　　　　├─ 財務會計報告的分類
　　　　　　　　　├─ 財務會計報告列報的基本要求：十個要求
　　　　　　　　　└─ 財務會計報告的意義

財務會計報告的結構、編製 ─┬─ 資產負債表的結構內容、編製方法
　　　　　　　　　　　　　├─ 利潤表的結構內容、編製方法
　　　　　　　　　　　　　├─ 現金流量表的結構內容、編製方法
　　　　　　　　　　　　　├─ 所有者權益變動表的結構內容、編製方法
　　　　　　　　　　　　　└─ 附註的內容、編製

財務報表分析 ─┬─ 財務報表分析的意義
　　　　　　　├─ 財務報表分析的內容
　　　　　　　└─ 財務報表分析的基本方法

## 重點難點

重點 ─┬─ 資產負債表的結構內容、編製方法
　　　└─ 利潤表的結構內容、編製方法

難點 ─┬─ 資產負債表的結構內容、編製方法
　　　├─ 利潤表的結構內容、編製方法
　　　├─ 現金流量表的結構內容、編製方法
　　　└─ 財務報表分析的內容、方法

# 知識點梳理

表1　　　　　　　　　　　第一節　財務會計報告的意義

| 一、財務會計報告的概念 | 是指企業對外提供的反應企業某一特定日期的財務狀況和某一會計期間的經營成果、現金流量等會計信息的文件 |||
|---|---|---|---|
| 二、財務會計報告的構成 | 四表一註 | 資產負債表 ||
| | | 利潤表 ||
| | | 現金流量表 ||
| | | 所有者權益變動表 ||
| | | 附註 ||
| 三、財務會計報告的分類 | 1. 按照涵蓋的會計期間不同分類 | 中期財務會計報告：資產負債表、利潤表、現金流量表和附註 ||
| | | 年度財務會計報告：四表一附註 ||
| | 2. 按照編製主體不同分類 | 個別財務會計報告：資產負債表 ||
| | | 合併財務會計報告：合併資產負債表 ||
| | 3. 按照財務會計報告信息服務對象不同分類 | 內部財務會計報告：成本報表 ||
| | | 外部財務會計報告：四表一附註 ||
| | 4. 按照財務會計報告所反應的資金運動狀態不同分類 | 靜態報告：資產負債表 ||
| | | 動態報告：利潤表 ||
| | | 動靜結合報告：現金流量表 ||
| 四、財務會計報告列報的基本要求（十項要求） | 1. 以各項會計準則確認和計量的結果為依據 |||
| | 2. 以持續經營為基礎 |||
| | 3. 以權責發生制為原則 |||
| | 4. 遵循一致性 |||
| | 5. 遵循重要性 |||
| | 6. 不得相互抵銷後列報 |||
| | 7. 要列報比較信息 |||
| | 8. 表首應當在財務報表的顯著位置披露 |||
| | 9. 報告期間的要求 |||
| | 10. 報表項目單獨列報的要求 |||
| 五、財務會計報告的意義 | 內部意義 | （1）為企業管理當局加強管理提供相關信息 ||
| | | （2）為企業職工瞭解企業，完成企業經營目標提供相關信息 ||
| | 外部意義 | （1）為投資者、債權人、供應商、客戶做出決策提供相關信息 ||
| | | （2）為政府部門進行監督、檢查提供相關信息 ||
| | | （3）為國家宏觀經濟管理提供相關信息 ||
| | | （4）為其他組織、部門等提供決策有用的信息 ||

表 2　　　　　　　　　　　　　　第二節　資產負債表

| 一、資產負債表的概念 | 資產負債表是反應企業在某一特定日期財務狀況的報表 | | |
|---|---|---|---|
| 二、資產負債表的結構內容 | 採用帳戶式結構，分為表首和正表兩部分 | 表首部分應註明單位名稱、編表時間、計量單位、報表編號等信息 | |
| | | 正表部分左邊為資產，右邊為負債和所有者權益，左邊的資產總計必須等於右邊的負債總計加上所有者權益總計之和 | |
| 三、資產負債表項目的數據來源 | 總帳和明細帳的期末餘額 | | |
| 四、資產負債表項目的填列方法 | 年初餘額 | 根據上年年末資產負債表「期末餘額」欄各項目所列數字填列。如果本年度資產負債表各個項目的名稱和內容與上年度不一致的，應按規定進行調整後填列 | |
| | 期末餘額 | 直接填列法 | 有的報表項目可以不需要分析計算，而是直接根據總帳科目的期末餘額填列。如「以公允價值計量且其變動計入當期損益的金融資產」「短期借款」「應交稅費」「應付職工薪酬」「實收資本」「盈餘公積」等項目 |
| | | 分析計算填列法 | （1）根據幾個總帳科目的期末餘額分析計算填列，比如「貨幣資金」「存貨」項目 |
| | | | （2）根據有關明細帳科目餘額分析計算填列，如「應收帳款」「預付帳款」「應付帳款」「預收帳款」項目 |
| | | | （3）根據總帳科目和所屬明細帳科目餘額分析計算填列，如「長期借款」項目 |
| | | | （4）根據總帳及其備抵科目的金額分析計算填列，如「存貨」「應收帳款」「固定資產」等項目 |

表 3　　　　　　　　　　　　　　第三節　利潤表

| 一、利潤表的概念 | 利潤表是反應企業在一定會計期間經營成果的報表 | |
|---|---|---|
| 二、利潤表的結構內容 | 多步驟報告式結構，分為表首和正表兩部分 | 表首部分應註明單位名稱、編表時間、計量單位、報表編號等信息 |
| | | 正表部分是將當期的收入、費用、支出項目按性質加以歸類，通過多個步驟計算出有關利潤指標。這些步驟有：第一步計算營業利潤，第二步計算利潤總額，第三步計算淨利潤，第四步計算其他綜合收益，第五步計算綜合收益總額，第六步計算每股收益。這也是會計等式「收入－費用＝利潤」在利潤表中的體現 |
| 三、利潤表項目的數據來源 | 損益類科目和所有者權益類有關科目的發生額 | |

表3(續)

| 四、利潤表項目的填列方法 | 上期金額 | | 利潤表中的「上期金額」欄各項目，如為年度利潤表，則應該根據上年年末利潤表的「本期金額」欄數字填列，如果本年度利潤表各個項目的名稱和內容與上年度不一致的，應按規定進行調整后填列 |
|---|---|---|---|
| | 本期金額 | 直接填列法 | 有的報表項目可以不需要分析計算，而是直接根據損益類帳戶的本期發生額填列。如「營業稅金及附加」「銷售費用」「管理費用」「財務費用」「資產減值損失」「公允價值變動收益」「所得稅費用」等項目 |
| | | 分析計算填列法 | (1) 根據幾個損益類總帳科目的本期發生淨額分析計算填列，比如「營業收入」「營業成本」項目 |
| | | | (2) 根據有關損益類總帳科目和所屬明細帳科目本期發生額分析計算填列，如「投資收益」「營業外收入」「營業外支出」「其他綜合收益」項目 |
| | | | (3) 根據利潤表表中相關項目計算填列。如「營業利潤」「利潤總額」「淨利潤」「綜合收益總額」項目 |

表4　　　　　　　　　　第四節　現金流量表

| 一、現金流量表的相關概念 | 現金 | 指廣義的現金，包括：①庫存現金；②銀行存款；③其他貨幣資金；④現金等價物 |
|---|---|---|
| | 現金流量 | 指企業在一定會計期間內現金流入（增加）的金額、流出（減少）的金額以及流入減流出後的淨額 |
| | 現金流量表 | 指反應企業在一定會計期間現金和現金等價物流入和流出的報表 |
| 二、現金流量表的結構內容 | 表首 | 表首部分應註明單位名稱、編表時間、計量單位、報表編號等信息 |
| | 正表 | (1) 經營活動產生的現金流量<br>(2) 投資活動產生的現金流量<br>(3) 籌資活動產生的現金流量<br>(4) 匯率變動對現金的影響<br>(5) 現金及現金等價物淨增加額<br>(6) 期末現金及現金等價物余額 |
| 三、現金流量表項目的數據來源 | | 資產負債表、利潤表的數據資料，總帳科目及所屬明細帳的本期發生額和期末余額 |
| 四、現金流量表的編製基礎 | | 是按照收付實現制，以現金為基礎編製的 |

表4(續)

| | |
|---|---|
| 五、現金流量表項目的填列方法 | (1) 直接法。直接法是指按照現金流入和現金流出的主要類別直接反應企業經營活動、投資活動、籌資活動所產生的現金流量項目中的方法。現金流量表附註中的「將淨利潤調節為經營活動產生的現金流量」採用間接法編製，並且其結果應與採用直接法編製的「經營活動產生的現金流量」相等<br>間接法是指以淨利潤為依據，扣除投資活動、籌資活動對現金流量的影響，調整不涉及現金的收入、費用和已收付現金但不涉及收入、費用的項目，然后計算出經營活動產生的現金流量的方法<br>(2) 工作底稿法。工作底稿法是指以工作底稿為手段，以利潤表和資產負債表數據為基礎，對每一項目進行分析並編製調整分錄，從而編製出現金流表的做法<br>(3) T型帳戶法。T型帳戶法是指以T型帳戶為手段，以利潤表和資產負債表數據為基礎，對每一項目進行分析並編製調整分錄，從而編製出現金流量表的做法 |

表5　　　　　　　　第五節　所有者權益變動表

| | | |
|---|---|---|
| 一、所有者權益變動表的概念 | | 所有者權益變動表是指反應構成所有者權益的各組成部分當期的增減變動情況的報表 |
| 二、所有者權益變動表的結構內容 | 結構 | 矩陣式 |
| | 內容 | 至少列報以下內容：<br>1. 綜合收益總額<br>2. 會計政策變更和前期差錯更正的累積影響金額；<br>3. 所有者投入資本和向所有者分配利潤等；<br>4. 按照規定提取的盈余公積；<br>5. 所有者權益各組成部分的期初和期末餘額及其調節情況 |
| 三、所有者權益變動表項目的數據來源 | | 根據所有者權益類科目和損益類有關科目的發生額填列 |
| 四、所有者權益變動表項目的填列方法 | 上年金額 | 根據上年度所有者權益變動表「本年金額」欄內所列數字填列本年度「上年金額」欄內各項數字。如果上年度所有者權益變動表規定的項目的名稱和內容同本年度不一致，應按規定進行調整後填列 |
| | 本年金額 | (1) 根據上年資產負債表和當年利潤表數據分析填列，如「上年年末餘額」「綜合收益總額」項目<br>(2) 根據利潤分配各明細帳的數據分析填列，如「會計政策變更」和「前期差錯更正」「提取盈余公積」「對所有者（或股東）的分配」項目<br>(3) 根據所有者權益類總帳及明細帳戶的數據分析填列，如「所有者投入資本」「股份支付計入所有者權益的金額」「資本公積轉增資本（或股本）」「盈余公積轉增資本（或股本）」「盈余公積彌補虧損」項目 |

表6　　　　　　　　　　　第六節　附註

| | |
|---|---|
| 一、附註的概念 | 附註是對在資產負債表、利潤表、現金流量表和所有者權益變動表等報表中列示項目的文字描述或明細資料，以及對未能在這些報表中列示項目的說明等 |
| 二、附註的內容 | 1. 企業的基本情況<br>2. 財務報表的編製基礎<br>3. 遵循企業會計準則的聲明<br>4. 重要會計政策和會計估計<br>5. 會計政策和會計估計變更以及差錯更正的說明<br>6. 報表重要項目的說明<br>7. 或有和承諾事項、資產負債表日後非調整事項、關聯方關係及其交易等需要說明的事項<br>8. 有助於財務報表使用者評價企業管理資本的目標、政策及程序的信息 |

表7　　　　　　　　　　　第七節　財務報表分析

| | |
|---|---|
| 一、財務報表分析的概念 | 是指以企業財務會計報告中的有關數據為基礎，並結合其他有關信息，運用專門的方法對企業的財務狀況、經營成果和現金流量情況進行分析計算，以便通過計算結果進行綜合比較和評價，為有關人員提供參考的一項管理活動 |
| 二、財務報表分析的內容 | (1) 償債能力分析<br>(2) 營運能力分析<br>(3) 盈利能力分析<br>(4) 現金流量分析<br>(5) 發展能力分析<br>(6) 投資價值分析<br>(7) 綜合分析 |
| 三、財務報表分析的步驟 | (1) 根據分析對象的需要收集有關信息<br>(2) 根據分析目的把整體的各個部分分類歸納整理，使之符合需要<br>(3) 採用一定的分析方法進行具體分析<br>(4) 撰寫分析報告 |
| 四、財務報表分析的意義 | (1) 有利於投資者的投資決策和經濟預測<br>(2) 有利於債權人做出信用決策和經濟預測<br>(3) 為政府部門制定宏觀政策和經濟預測提供參考<br>(4) 有利於企業管理層進行經營管理決策<br>(5) 有利於企業職工瞭解企業盈利與職工薪酬之間是否適應<br>(6) 有利於其他機構、組織、個人進行預測和決策 |
| 五、財務報表分析的局限性 | (1) 報表數據不真實導致分析結果不真實<br>(2) 某些情況下造成財務報表分析結果不具可比性<br>(3) 很難準確地預測未來 |
| 六、財務報表分析的基本方法 | (1) 比較分析法<br>(2) 比率分析法<br>(3) 趨勢分析法<br>(4) 因素分析法等 |

表7(續)

| | | |
|---|---|---|
| 七、常用財務指標 | 償債能力指標 | (1) 流動比率<br>(2) 速動比率<br>(3) 資產負債率<br>(4) 產權比率 |
| | 營運能力指標 | (1) 應收帳款週轉率<br>(2) 存貨週轉率<br>(3) 流動資產週轉率<br>(4) 總資產週轉率 |
| | 獲利能力指標 | (1) 總資產報酬率<br>(2) 營業收入利潤率<br>(3) 成本費用利潤率 |
| | 發展能力指標 | (1) 營業收入增長率<br>(2) 資本保值增值率<br>(3) 總資產增長率<br>(4) 營業利潤增長率 |

## 練習題

### 一、單項選擇題

1. 編製財務報表時，報表項目數據的直接來源是（　　）。
   A. 原始憑證　　　　　　　　B. 記帳憑證
   C. 科目匯總表　　　　　　　D. 帳簿記錄
2. 我國利潤表的格式是（　　）。
   A. 矩陣　　　　　　　　　　B. 帳戶式
   C. 單步驟報告式　　　　　　D. 多步驟報告式
3. 下列屬於對外財務報表的是（　　）。
   A. 利潤表　　　　　　　　　B. 折舊計算表
   C. 製造費用明細表　　　　　D. 產品生產成本表
4. 資產負債表反應的內容是（　　）。
   A. 現金流量　　　　　　　　B. 財務狀況
   C. 經營成果　　　　　　　　D. 所有者權益變動情況
5. 反應企業在某一特定日期財務狀況的報表是（　　）。
   A. 利潤表　　　　　　　　　B. 現金流量表
   C. 資產負債表　　　　　　　D. 所有者權益變動表
6. 反應企業在一定會計期間內經營成果的財務報表是（　　）。
   A. 利潤表　　　　　　　　　B. 現金流量表
   C. 資產負債表　　　　　　　D. 所有者權益變動表
7. 資產負債表中「應收帳款」項目填列的依據是（　　）。
   A.「應收帳款」總帳的期末餘額

B.「應收收款」總帳及所屬各明細帳的期末余額

C.「應收帳款」和「預收帳款」總帳所屬各明細帳的期末借方余額合計

D.「應收帳款」和「預付帳款」總帳所屬各明細帳的期末借方余額合計

8. 下列不影響企業當期營業利潤的是（　　）。

　　A. 投資收益　　　　　　　　B. 管理費用

　　C. 營業外支出　　　　　　　D. 營業稅金及附加

9. 資產負債表中資產項目的排列順序，下列表述正確的是（　　）。

　　A. 按流動性排列　　　　　　B. 按重要性排列

　　C. 按獲利能力大小　　　　　D. 按投資者的投資比例

10. 資產負債表遵循的會計恒等式是（　　）。

　　A. 收入-費用=利潤　　　　　B. 資產=負債+所有者權益

　　C. 現金流入-現金流出=現金淨流量　　D. 資產+費用=負債+所有者權益+收入

11. 下列對資產負債表中資產項目的流動性描述正確的是（　　）。

　　A. 存貨的流動性比應收帳款的流動性強

　　B. 無形資產的流動性比固定資產的流動性強

　　C. 貨幣資金的流動性比應收帳款的流動性強

　　D. 一年內到期的非流動資產的流動性比存貨的流動性強

12. 資產負債表中負債項目的列示，下列表述正確的是（　　）。

　　A. 按重要性列示　　　　　　B. 按流動性強弱列示

　　C. 按獲利能力大小列示　　　D. 按投資者的投資比例列示

13. 企業的資產負債表分為表首和表身，表身又分為左、右兩方，右方列示的項目是（　　）。

　　A. 資產　　　　　　　　　　B. 負債

　　C. 所有者權益　　　　　　　D. 負債和所有者權益

14. 按照我國《企業會計準則第30號——財務報表列報》的規定，關於企業編製資產負債表的時間，正確的表述是（　　）。

　　A. 每旬編製

　　B. 至少每年年末編製

　　C. 按企業管理層的需要編製

　　D. 按財務報表信息使用者的需要性編製

15. 下列不屬於資產負債表中「貨幣資金」項目填列依據的是（　　）。

　　A. 庫存現金　　　　　　　　B. 銀行存款

　　C. 應收票據　　　　　　　　D. 其他貨幣資金

16. 資產負債表的下列項目中，需要分析計算有關明細帳期末余額填列的是（　　）。

　　A. 短期借款　　　　　　　　B. 盈余公積

　　C. 應付帳款　　　　　　　　D. 應交稅費

17. 下列屬於資產負債表的報表項目名稱的是（　　）。

　　A.「庫存現金」　　　　　　B.「銀行存款」

　　C.「應收帳款」　　　　　　D.「其他貨幣資金」

18. 下列屬於靜態報表的是（    ）。
    A. 利潤表                     B. 資產負債表
    C. 現金流量表                 D. 所有者權益變動表
19.「預收帳款」帳戶如果出現期末借方余額，應填列的報表項目是（    ）。
    A.「應付帳款」               B.「預收帳款」
    C.「預付帳款」               D.「應收帳款」
20. 如果企業的「利潤分配」帳戶年初借方余額為 190 萬元，3 月 31 日「本年利潤」的發生淨額為貸方 280 萬元，不考慮其他因素，那麼 3 月 31 日資產負債表中的「未分配利潤」項目填列的金額是（    ）。
    A. 90 萬元                    B. -90 萬元
    C. -190 萬元                  D. 280 萬元
21. 反應企業短期償債能力的指標是（    ）。
    A. 流動比率                   B. 存貨週轉率
    C. 總資產報酬率               D. 資本保值增值率
22. 影響本期利潤表中「利潤總額」項目金額大小的是（    ）。
    A. 本期銀行存款的多少         B. 本期實收資本金額的大小
    C. 本期原材料費用的多少       D. 本期實現的主營業務收入的多少

二、多項選擇題

1. 企業財務報表列報的基本要求有（    ）。
    A. 遵循重要性                 B. 要列報比較信息
    C. 以持續經營為基礎           D. 以權責發生制為原則
2. 按照我國《企業會計準則第 30 號——財務報表列報》的規定，一套完整的企業財務報表至少應當包括「四表一註」，屬於「四表一註」的有（    ）。
    A. 利潤表                     B. 資產負債表
    C. 製造費用分配表             D. 材料費用分配表
3. 企業的資產負債表分為表首和表身，表首至少應該列示的信息有（    ）。
    A. 企業名稱                   B. 計量單位
    C. 報表編製時間               D. 報表編製基礎
4. 下列屬於資產負債表中「存貨」項目填列依據的是（    ）。
    A. 原材料                     B. 在途物資
    C. 工程物資                   D. 庫存商品
5. 下列項目中，屬於資產負債表中流動資產報表項目名稱的有（    ）。
    A.「預收款項」               B.「預付款項」
    C.「原材料」                 D.「一年內到期的非流動資產」
6. 下列財務報表屬於按編製主體不同分類的有（    ）。
    A. 個別財務會計報告           B. 合併財務會計報告
    C. 內部財務會計報告           D. 外部財務會計報告
7. 表明企業處於非持續經營狀態的情況有（    ）。
    A. 企業已在當期進行清算或停止營業

B. 企業已經正式決定在下一個會計期間進行清算或停止營業

C. 企業已確定在當期沒有其他可供選擇的方案而將被迫清算或停止營業

D. 企業已確定在下一個會計期間沒有其他可供選擇的方案而將被迫清算或停止營業

8. 性質或功能不同的項目，一般應當在財務報表中單獨列報，符合這一規定的報表項目有（　　）。

　　A. 存貨　　　　　　　　　　B. 固定資產

　　C. 應交稅費　　　　　　　　D. 應付職工薪酬

9. 企業在進行重要性判斷時，應當根據所處環境，從項目的性質和金額大小兩方面予以判斷，考慮該項目的性質時應考慮的因素有（　　）。

　　A. 是否屬於企業日常活動　　　B. 是否顯著影響企業的財務狀況

　　C. 是否顯著影響企業的經營成果　D. 是否顯著影響企業的現金流量

10. 企業在進行重要性判斷時，應當根據所處環境，從項目的性質和金額大小兩方面予以判斷，考慮該項目的金額大小時應考慮的因素有（　　）。

　　A. 單項金額占資產總額的比重　　B. 單項金額占負債總額的比重

　　C. 單項金額占營業收入總額的比重　D. 單項金額占淨利潤總額的比重

11. 下列財務報表項目應當以總額列報，不能相互抵銷後列報的有（　　）。

　　A. 資產和負債項目的金額

　　B. 收入和費用項目的金額

　　C. 資產或負債項目按扣除備抵項目后的淨額列示

　　D. 直接計入當期利潤的利得項目和損失項目的金額

12. 財務報表項目應當以總額列報，不能相互抵銷，但是下列情況不屬於抵銷的有（　　）。

　　A. 資產項目按扣除備抵項目后的淨額列示

　　B. 一組類似交易形成的利得和損失以淨額列示

　　C. 「長期借款」項目按「長期借款」科目的期末余額，減去一年內到期的金額列示

　　D. 「應付債券」項目按「應付債券」科目的期末余額，減去一年內到期的金額列示

13. 下列資產負債表項目中，須根據帳戶余額減去其備抵項目后的淨額列示的有（　　）。

　　A. 存貨　　　　　　　　　　B. 應收帳款

　　C. 資本公積　　　　　　　　D. 固定資產

14. 下列屬於資產負債表中「未分配利潤」項目填列依據的有（　　）。

　　A. 本年利潤帳戶　　　　　　B. 盈余公積帳戶

　　C. 利潤分配帳戶　　　　　　D. 所得稅費用帳戶

15. 下列資產負債表項目中，可以根據有關總帳帳戶余額直接填列的有（　　）。

　　A. 固定資產　　　　　　　　B. 短期借款

　　C. 無形資產　　　　　　　　D. 應付職工薪酬

16. 《企業會計準則第30號——財務報表列報》中提到的「列報」包含的意思有

( )。
  A. 列示        B. 反應
  C. 披露        D. 核算
17. 資產負債表中，屬於流動資產的有（　　）。
  A. 生產成本       B. 工程物資
  C. 製造費用       D. 其他應收款
18. 資產負債表中「應付帳款」項目填列的依據有（　　）。
  A.「應付帳款」所屬明細帳的期末余額
  B.「應收收款」所屬明細帳的期末余額
  C.「預收帳款」所屬明細帳的期末余額
  D.「預付帳款」所屬明細帳的期末余額
19. 利潤表項目的數據來源有（　　）。
  A. 損益類科目的發生額     B. 負債類科目的發生額
  C. 資產類科目的發生額     D. 所有者權益類有關科目的發生額
20. 現金流量表中的「現金」包括的內容有（　　）。
  A. 庫存現金       B. 企業購入的準備隨時出售的股票
  C. 可以隨時動用的銀行存款    D. 企業購入的準備隨時出售的債券
21. 反應企業長期償債能力的指標有（　　）。
  A. 產權比率       B. 資產負債率
  C. 營業收入利潤率      D. 成本費用利潤率
22. 速動資產是從流動資產中扣除變現能力較差的部分后的剩余金額，它包括的內容有（　　）。
  A. 貨幣資金       B. 應收票據
  C. 應收帳款       D. 交易性金融資產

### 三、判斷題

1. 財務會計報告是企業對外提供的反應企業某一特定日期的財務狀況和某一會計期間的經營成果、現金流量等會計信息的文件。（　　）
2. 在會計實務中，為了使財務報表及時報送，企業可以提前結帳。（　　）
3. 資產負債表是反應企業某一特定日期財務成果的報表。（　　）
4. 利潤表是反應企業一定期間財務狀況的報表。（　　）
5. 資產負債表中的項目一般都是按照重要性排列的，重要的信息單獨作為一個項目排在前面，不重要的依次排在后面。（　　）
6. 企業會計報告附註信息只對企業內部披露。（　　）
7. 列報是指交易和事項在報表中的列示和在附註中的披露。（　　）
8. 資產負債表中，應收帳款項目不用根據應收帳款所有明細帳戶的期末借方余額合計數填列。（　　）
9. 我國企業利潤表的格式一般採用多步驟報告式。（　　）
10. 按有關規定，我國企業報送的財務會計報告必須以人民幣反應。（　　）
11. 企業取得的商業匯票屬於現金流量表中的「現金等價物」。（　　）

12. 企業財務報表的編製全都是以權責發生制為基礎的。（　）
13. 企業的基本情況、企業註冊地、組織形式等應該在附註中進行說明。（　）
14. 企業財務報表是對企業財務狀況、經營成果和現金流量的結構性表述。
　　　　　　　　　　　　　　　　　　　　　　　　　　　　　　（　）
15. 利潤表項目都是根據損益類帳戶的本期發生額填列的。（　）
16. 資產負債表中，資產類項目應分別按流動資產和非流動資產列示。（　）
17. 企業編製財務報表時應當對企業持續經營能力進行評估。（　）
18. 利潤表應當對費用按照功能分類進行列報，分為從事經營業務發生的成本、管理費用、銷售費用和財務費用等。（　）
19. 持續經營是會計的基本前提，也是編製財務報表的基礎。（　）
20. 財務報表項目的列報應當在各個會計期間保持一致，不得隨意變更。（　）
21. 資產負債表遵循了「資產＝負債＋所有者權益」這一會計恒等式。（　）
22. 一般來說，流動比率越高，企業資產的變現能力越強，短期償債能力亦越強。
　　　　　　　　　　　　　　　　　　　　　　　　　　　　　　（　）
23. 速動資產是流動資產扣除存貨后的剩餘部分。（　）
24. 比率分析法是財務報表分析的基本方法之一。（　）
25. 一般情況下，總資產報酬率越高，表明企業獲利能力越強。（　）
26. 營業收入增長率是反應企業發展能力的指標之一。（　）

## 四、計算題

資料：邕桂公司有關帳戶期末余額如表 8 所示。

表 8　　　　　　　　　邕桂公司有關帳戶期末余額表　　　　　　單位：萬元

| 帳戶名稱 | 借方余額 | 貸方余額 | 帳戶名稱 | 借方余額 | 貸方余額 |
|---|---|---|---|---|---|
| 庫存現金 | 6 |  | 庫存商品 | 53 |  |
| 銀行存款 | 70 |  | 在途物資 | 16 |  |
| 應收帳款 | 92 |  | 生產成本 | 32 |  |
| ——甲公司 | 100 |  | 短期借款 |  | 20 |
| ——乙公司 |  | 6 | 應付帳款 |  | 128 |
| ——丙公司 |  | 2 | ——A 公司 |  | 80 |
| 預付帳款 | 28 |  | ——B 公司 |  | 60 |
| ——M 公司 | 37 |  | ——C 公司 | 12 |  |
| ——H 公司 |  | 9 | 長期借款 |  | 40（其中 10 萬元將於 1 年內到期） |
| 壞帳準備（假設均為應收帳款） |  | 3 | 本年利潤 |  | 209 |
| 原材料 | 68 |  | 利潤分配 |  | 200 |

要求：不考慮其他因素，根據以上資料計算資產負債表的以下項目：
（1）貨幣資金＝
（2）應收帳款＝
（3）預付款項＝
（4）應付帳款＝
（5）預收款項＝
（6）存貨＝
（7）短期借款＝
（8）未分配利潤＝
（9）流動資產合計＝
（10）流動負債合計＝

五、編表題

資料：邕桂公司為增值稅一般納稅人，適用增值稅稅率為17%，所得稅稅率為25%，20×5年年末有關總分類帳戶發生額及期末余額資料如表9所示。

表9　　　　　　　　　總分類帳本期發生額及期末余額試算平衡表
20×5年12月　　　　　　　　　　　　　　　　　　單位：元

| 帳戶名稱 | 期初余額 借方 | 期初余額 貸方 | 本期發生額 借方 | 本期發生額 貸方 | 期末余額 借方 | 期末余額 貸方 |
|---|---|---|---|---|---|---|
| 庫存現金 | 2,450.00 | | 1,100.00 | 2,600.00 | 950.00 | |
| 銀行存款 | 2,431,125.00 | | 5,687,300.00 | 756,530.00 | 7,361,895.00 | |
| 應收票據 | 60,000.00 | | 117,000.00 | | 177,000.00 | |
| 應收帳款 | 190,000.00 | | 321,900.00 | 411,900.00 | 100,000.00 | |
| 壞帳準備 | | 950.00 | | 450.00 | | 500.00 |
| 預付帳款 | | | 50,000.00 | 50,000.00 | | |
| 其他應收款 | 2,500.00 | | 1,500.00 | 2,500.00 | 1,500.00 | |
| 原材料 | 360,000.00 | | 380,600.00 | 510,340.00 | 230,260.00 | |
| 在途物資 | 30,500.00 | | | 30,500.00 | | |
| 庫存商品 | 1,150,000.00 | | 542,915.75 | 712,500.00 | 980,415.75 | |
| 生產成本 | | | 542,915.75 | 542,915.75 | | |
| 製造費用 | | | 28,568.25 | 28,568.25 | | |
| 固定資產 | 4,250,000.00 | | 188,618.18 | | 4,438,618.18 | |
| 累計折舊 | | 1,106,000.00 | | 15,000.00 | | 1,121,000.00 |
| 固定資產減值準備 | | 100,000.00 | | | | 100,000.00 |
| 無形資產 | 193,000.00 | | | 50,000.00 | 143,000.00 | |
| 應付票據 | | 40,000.00 | | | | 40,000.00 |

表9(續)

| 帳戶名稱 | 期初余額 借方 | 期初余額 貸方 | 本期發生額 借方 | 本期發生額 貸方 | 期末余額 借方 | 期末余額 貸方 |
|---|---|---|---|---|---|---|
| 短期借款 |  | 100,000.00 | 50,000.00 |  |  | 50,000.00 |
| 應付帳款 |  | 92,550.00 | 171,410.00 | 128,860.00 |  | 50,000.00 |
| 預收帳款 |  | 50,000.00 | 50,000.00 |  |  |  |
| 應付職工薪酬 |  |  | 34,500.00 | 34,500.00 |  |  |
| 應交稅費 |  | 22,500.00 | 80,980.00 | 223,050.00 |  | 164,570.00 |
| 應付股利 |  |  |  | 92,103.03 |  | 92,103.03 |
| 長期借款 |  | 1,000,000.00 |  |  |  | 1,000,000.00 |
| 實收資本 |  | 4,500,000.00 |  | 2,500,000.00 |  | 7,000,000.00 |
| 資本公積 |  | 50,000.00 |  | 2,000,000.00 |  | 2,050,000.00 |
| 盈余公積 |  | 72,000.00 |  | 131,575.75 |  | 203,575.75 |
| 利潤分配-未分配利潤 |  | 1,535,575.00 | 105,260.60 | 131,575.75 |  | 1,561,890.15 |
| 主營業務收入 |  |  | 2,785,000.00 | 2,785,000.00 |  |  |
| 營業外收入 |  |  | 9,000.00 | 9,000.00 |  |  |
| 主營業務成本 |  |  | 712,500.00 | 712,500.00 |  |  |
| 營業稅金及附加 |  |  | 11,000.00 | 11,000.00 |  |  |
| 銷售費用 |  |  | 737,625.00 | 737,625.00 |  |  |
| 管理費用 |  |  | 23,261.75 | 23,261.75 |  |  |
| 資產減值損失 |  |  | 450.00 | 450.00 |  |  |
| 營業外支出 |  |  | 50,066.25 | 50,066.25 |  |  |
| 所得稅費用 |  |  | 42,900.00 | 42,900.00 |  |  |
| 本年利潤 |  |  | 2,199,075.00 | 2,199,075.00 |  |  |
| 合計 | 8,669,575.00 | 8,669,575.00 | 14,925,896.53 | 14,925,896.53 | 13,433,638.93 | 13,433,638.93 |

其他有關明細資料如下：

(1)「應收帳款」明細帳資料：應收甲公司借方余額　110,000元

應收乙公司貸方余額　10,000元

(2)「應付帳款」明細帳資料：應付A公司貸方余額　90,000元

應付B公司借方余額　40,000元

(3)「壞帳準備」貸方余額均為應收帳款計提的壞帳準備。

(4) 長期借款100萬元中有將在一年內到期的借款為80萬元。

不考慮其他因素，要求：

(1) 編製邕桂公司的資產負債表。

(2) 編製邕桂公司的利潤表。

表 10　　　　　　　　　　　　　　　**資產負債表**　　　　　　　　　　　　會企 01 表
編製單位：邕桂公司　　　　　　　　20×5 年 12 月 31 日　　　　　　　　　單位：元

| 資產 | 期末余額 | 負債和股東權益 | 期末余額 |
|---|---|---|---|
| 流動資產： |  | 流動負債： |  |
| 貨幣資金 |  | 短期借款 |  |
| 應收票據 |  | 應付票據 |  |
| 應收帳款 |  | 應付帳款 |  |
| 預付款項 |  | 預收款項 |  |
| 應收利息 |  | 應付職工薪酬 |  |
| 應收股利 |  | 應交稅費 |  |
| 其他應收款 |  | 應付股利 |  |
| 存貨 |  | 1 年內到期的非流動負債 |  |
|  |  | 流動負債合計 |  |
|  |  | 非流動負債： |  |
|  |  | 長期借款 |  |
| 流動資產合計 |  | 應付債券 |  |
| 非流動資產： |  | 長期應付款 |  |
| 固定資產 |  | 非流動負債合計 |  |
| 在建工程 |  | 負債合計 |  |
| 工程物資 |  | 所有者權益 |  |
| 固定資產清理 |  | 實收資本 |  |
| 無形資產 |  | 資本公積 |  |
| 非流動資產合計 |  | 盈余公積 |  |
|  |  | 未分配利潤 |  |
|  |  | 所有者權益合計 |  |
| 資產總計 |  | 負債和所有者權益總計 |  |

表 11　　　　　　　　　　　　　　　**利潤表**　　　　　　　　　　　　　　會企 02 表
編製單位：邕桂公司　　　　　　　　　20×5 年　　　　　　　　　　　　　單位：元

| 項　目 | 本期金額 | 上期金額（略） |
|---|---|---|
| 一、營業收入 |  |  |
| 減：營業成本 |  |  |
| 　營業稅金及附加 |  |  |
| 　銷售費用 |  |  |
| 　管理費用 |  |  |

表11(續)

| 項　目 | 本期金額 | 上期金額（略） |
|---|---|---|
| 財務費用 | | |
| 資產減值損失 | | |
| 加：投資收益 | | |
| 二、營業利潤（虧損以「-」號填列） | | |
| 加：營業外收入 | | |
| 減：營業外支出 | | |
| 三、利潤總額（虧損總額以「-」號填列） | | |
| 減：所得稅費用 | | |
| 四、淨利潤（淨虧損以「-」號填列） | | |

### 六、報表分析題

資料：利用第五題的資產負債表資料和利潤表資料。

表12　　　　　　　　　　　相關指標

| 財務指標 | 指標的計算 | 指標的簡要分析 |
|---|---|---|
| (1) 流動比率 | | |
| (2) 速動比率 | | |
| (3) 資產負債率 | | |
| (4) 產權比率 | | |
| (5) 營業收入利潤率 | | |
| (6) 成本費用利潤率 | | |

要求：計算以上財務指標並進行簡要分析（假設不考慮其他因素）。

## 參考答案

### 一、單項選擇題

| 1. D | 2. D | 3. A | 4. B | 5. C | 6. A |
| 7. C | 8. C | 9. A | 10. B | 11. C | 12. B |
| 13. D | 14. B | 15. C | 16. C | 17. C | 18. B |
| 19. D | 20. A | 21. A | 22. D | | |

### 二、多選選擇題

| 1. ABCD | 2. AB | 3. ABC | 4. ABD | 5. BD | 6. AB |
| 7. ABCD | 8. ABCD | 9. ABCD | 10. ABCD | 11. ABD | 12. ABCD |

| 13. ABD | 14. AC | 15. BD | 16. AC | 17. ACD | 18. AD |
|---|---|---|---|---|---|
| 19. AD | 20. AC | 21. AB | 22. ABCD | | |

## 三、判斷題

| 1. √ | 2. × | 3. × | 4. × | 5. × | 6. × |
|---|---|---|---|---|---|
| 7. √ | 8. × | 9. √ | 10. √ | 11. × | 12. × |
| 13. √ | 14. √ | 15. × | 16. √ | 17. √ | 18. √ |
| 19. √ | 20. √ | 21. √ | 22. √ | 23. × | 24. √ |
| 25. √ | 26. √ | | | | |

## 四、計算題

資產負債表部分項目計算如下：

（1）貨幣資金＝76（萬元）

（2）應收帳款＝97（萬元）

（3）預付款項＝49（萬元）

（4）應付帳款＝149（萬元）

（5）預收款項＝8（萬元）

（6）存貨＝169（萬元）

（7）短期借款＝20（萬元）

（8）未分配利潤＝－9（萬元）

（9）流動資產合計＝391（萬元）

（10）流動負債合計＝187（萬元）

## 五、編表題

1. 編製資產負債表如表13所示。

表13　　　　　　　　　　　資產負債表　　　　　　　　　　　會企01表

編製單位：邕桂公司　　　　　20×5年12月31日　　　　　　　　單位：元

| 資產 | 期末餘額 | 負債和股東權益 | 期末餘額 |
|---|---|---|---|
| 流動資產： | | 流動負債： | |
| 貨幣資金 | 7,362,845.00 | 短期借款 | 50,000.00 |
| 應收票據 | 177,000.00 | 應付票據 | 40,000.00 |
| 應收帳款 | 109,500.00 | 應付帳款 | 90,000.00 |
| 預付款項 | 40,000.00 | 預收款項 | 10,000.00 |
| 應收利息 | | 應付職工薪酬 | |
| 應收股利 | | 應交稅費 | 164,570.00 |
| 其他應收款 | 1,500.00 | 應付股利 | 92,103.03 |
| 存貨 | 1,210,675.75 | 1年內到期的非流動負債 | 800,000.00 |

表13(續)

| 資產 | 期末余額 | 負債和股東權益 | 期末余額 |
|---|---|---|---|
|  |  | 流動負債合計 | 1,246,673.03 |
|  |  | 非流動負債： |  |
|  |  | 長期借款 | 200,000.00 |
| 流動資產合計 | 8,901,520.75 | 應付債券 |  |
| 非流動資產： |  | 長期應付款 |  |
| 固定資產 | 3,217,618.18 | 非流動負債合計 | 200,000.00 |
| 在建工程 |  | 負債合計 | 1,446,673.03 |
| 工程物資 |  | 所有者權益 |  |
| 固定資產清理 |  | 實收資本 | 7,000,000.00 |
| 無形資產 | 143,000.00 | 資本公積 | 2,050,000.00 |
| 非流動資產合計 | 3,360,618.18 | 盈余公積 | 203,575.75 |
|  |  | 未分配利潤 | 1,561,890.15 |
|  |  | 所有者權益合計 | 10,815,465.90 |
| 資產總計 | 12,262,138.93 | 負債和所有者權益總計 | 12,262,138.93 |

2. 編製利潤表如表14所示。

表14　　　　　　　　　　利潤表　　　　　　　　會企02表
編製單位：邕桂公司　　　　20×5年　　　　　　　　單位：元

| 項目 | 本期金額 |
|---|---|
| 一、營業收入 | 2,785,000 |
| 　減：營業成本 | 712,500 |
| 　　　營業稅金及附加 | 11 000 |
| 　　　銷售費用 | 737,625 |
| 　　　管理費用 | 23,261.75 |
| 　　　財務費用 |  |
| 　　　資產減值損失 | 450 |
| 　加：投資收益 |  |
| 二、營業利潤（虧損以「-」號填列） | 1,300,163.25 |
| 　加：營業外收入 | 9,000 |
| 　減：營業外支出 | 50,066.25 |
| 三、利潤總額（虧損總額以「-」號填列） | 1,259,097 |
| 　減：所得稅費用 | 314,774.25 |
| 四、淨利潤（淨虧損以「-」號填列） | 944,322.75 |

## 六、報表分析題（表15）

表 15　　　　　　　　　　　財務指標計算分析表

| 財務指標 | 指標的計算 | 指標的簡要分析 |
| --- | --- | --- |
| （1）流動比率 | 8,901,520.75÷1,246,673.03 = 7.14 | 該企業的流動比率非常高，表明企業短期償債能力很強 |
| （2）速動比率 | （8,901,520.75 - 1,210,675.75）÷1,246,673.03 = 6.17 | 該企業的速動比率非常高，表明企業短期償債能力很強 |
| （3）資產負債率 | 1,446,673.03 ÷ 12,262,138.93 × 100% = 11.80% | 該企業的資產負債率比較小，表明企業償債能力比較強 |
| （4）產權比率 | 1,446,673.03 ÷ 10,815,465.9 × 100% = 13.38% | 該企業的產權比率比較小，表明企業所有者對債權人權益的保障程度比較高 |
| （5）營業收入利潤率 | 1,300,163.25 ÷ 2,785,000 × 100% = 46.48% | 該企業的營業收入利潤率較高，表明企業營業收入帶來的營業利潤較高 |
| （6）成本費用利潤率 | 1,259,097 ÷ 1,484,386.75 × 100% = 84.82% | 該企業的成本費用利潤率較高，表明企業為獲取利潤而付出的代價較少 |

# 第九章 帳務處理程序

## 要點總覽

帳務處理程序概述

帳務處理程序的主要方法 { 記帳憑證帳務處理程序；科目匯總表帳務處理程序：科目匯總表的編製；匯總記帳憑證帳務處理程序：匯總記帳憑證的編製 }

每種程序的特點、步驟、優缺點、適用範圍。

## 重點難點

重點：三種主要帳務處理程序的特點、帳簿設置、帳務處理步驟、適用範圍

難點：三種主要帳務處理程序的區別

## 知識點梳理

表1　　　　　　　　　第一節　帳務處理程序的概述

| 一、概念 | 是指帳簿組織與記帳程序有機結合產生會計信息的步驟和方法，也稱之為會計核算程序或會計核算形式 |
|---|---|
| 二、意義 | 1. 有利於會計工作程序的規範化、提高會計信息質量<br>2. 有利於保證會計記錄的完整性、正確性，增強會計信息的可靠性<br>3. 有利於減少不必要的會計核算環節，保證會計信息的及時性 |
| 三、種類 | 1. 記帳憑證帳務處理程序<br>2. 匯總記帳憑證帳務處理程序<br>3. 科目匯總表帳務處理程序<br>4. 多欄式日記帳帳務處理程序<br>5. 日記總帳帳務處理程序 |

## 第二節　記帳憑證帳務處理程序

表 2

| 項目 | 記帳憑證帳務處理程序 |
|---|---|
| 概念 | 對發生的經濟業務事項,都要根據原始憑證或匯總原始憑證編製記帳憑證,然后直接根據記帳憑證逐筆登記總分類帳的一種帳務處理程序 |
| 憑證組織 | 可以採用通用記帳憑證,也可以採用專用記帳憑證,專用記帳憑證包括收款憑證、付款憑證和轉帳憑證三種格式 |
| 帳簿組織 | 1. 日記帳。主要是庫存現金日記帳、銀行存款日記帳,一般採用三欄式訂本帳<br>2. 明細分類帳。一般採用三欄式、數量金額式、多欄式的活頁帳或卡片帳<br>3. 總分類帳。一般採用三欄式的訂本帳 |
| 帳務處理步驟 | 1. 根據原始憑證編製匯總原始憑證<br>2. 根據原始憑證或匯總原始憑證,編製收款憑證、付款憑證和轉帳憑證,也可採用通用的記帳憑證<br>3. 根據收款憑證、付款憑證逐筆登記現金日記帳和銀行存款日記帳<br>4. 根據原始憑證、匯總原始憑證和記帳憑證,登記各種明細分類帳<br>5. 根據記帳憑證逐筆登記總分類帳<br>6. 期末,現金日記帳、銀行存款日記帳和明細分類帳的余額同有關總分類帳的余額核對相符<br>7. 期末,根據總分類帳和明細分類帳的記錄,編製會計報表 |
| 特點 | 直接根據記帳憑證逐筆登記總分類帳。它是最基本的帳務處理程序,其他各種帳務處理程序基本上是在這種帳務處理程序的基礎上發展和演變而形成的 |
| 優點 | 會計核算組織程序簡單明瞭,易於理解和掌握<br>總分類帳詳細地反應了經濟業務的發生情況,便於對經濟業務的分析和檢查<br>帳戶之間的對應關係比較清晰,便於核對和檢查帳目 |
| 缺點 | 根據記帳憑證逐筆登記總分類帳,登記總帳的工作量很大<br>不便於對會計工作進行分工<br>總分類帳與庫存現金日記帳、銀行存款日記帳明顯地表現為重複登記 |
| 適用範圍 | 一般適用於規模小、經濟業務量少、日常編製記帳憑證的數量不多的單位 |

## 第三節　匯總記帳憑證帳務處理程序

表 3

| 項目 | 匯總記帳憑證帳務處理程序 |
|---|---|
| 概念 | 根據原始憑證或匯總原始憑證編製記帳憑證,定期根據記帳憑證分類編製匯總收款憑證、匯總付款憑證和匯總轉帳憑證,再根據匯總記帳憑證登記總分類帳的一種帳務處理程序 |
| 憑證組織 | 適合採用專用記帳憑證,專用記帳憑證包括收款憑證,付款憑證和轉帳憑證,同時還應設置匯總收款憑證、匯總付款憑證和匯總轉帳憑證 |
| 帳簿組織 | 1. 日記帳。主要是庫存現金日記帳、銀行存款日記帳,一般採用三欄式訂本帳<br>2. 明細分類帳。一般採用三欄式、數量金額式、多欄式的活頁帳或卡片帳<br>3. 總分類帳。一般採用三欄式的訂本帳 |

表3(續)

| | |
|---|---|
| 步驟 | 1. 根據原始憑證編製匯總原始憑證<br>2. 根據原始憑證或匯總原始憑證,編製收款憑證、付款憑證和轉帳憑證,也可採用通用的記帳憑證<br>3. 根據收款憑證、付款憑證逐筆登記現金日記帳和銀行存款日記帳<br>4. 根據原始憑證、匯總原始憑證和記帳憑證,登記各種明細分類帳<br>5. 根據各種記帳憑證編製有關匯總記帳憑證<br>6. 根據各種匯總記帳憑證登記總分類帳<br>7. 期末,現金日記帳、銀行存款日記帳和明細分類帳的餘額同有關總分類帳的餘額核對相符<br>8. 期末,根據總分類帳和明細分類帳的記錄,編製會計報表 |
| 特點 | 先定期將記帳憑證匯總編製成各種匯總記帳憑證,然後根據各種匯總記帳憑證登記總分類帳。匯總記帳憑證帳務處理程序是在記帳憑證帳務處理程序的基礎上發展起來的 |
| 優點 | 匯總記帳憑證帳務處理程序減輕了登記總分類帳的工作量<br>由於按照帳戶對應關係匯總編製記帳憑證,便於瞭解帳戶之間的對應關係 |
| 缺點 | 按每一貸方科目編製匯總轉帳憑證,不利於會計核算的日常分工<br>當轉帳憑證較多時,編製匯總轉帳憑證的工作量較大 |
| 適用範圍 | 適用於規模較大、經濟業務較多的單位 |
| 匯總記帳憑證的編製方法 | 為反應帳戶之間的對應關係,在編製匯總記帳憑證時,匯總收款憑證須按照借方科目設置;相反,匯總付款憑證和匯總轉帳憑證須按照貸方科目設置。因此,在此種記帳程序中,一般情況下不能編製貸方有多個對應帳戶的轉帳憑證,即只能編製一貸一借或一貸多借的記帳憑證,而不能相反。這樣既反應了經營過程中各種存量的變動情況,又與單位資金運動的方向相一致。匯總記帳憑證一般定期匯總,按月編製 |
| 與其他程序的區別 | 在記帳憑證和總分類帳之間增加了匯總記帳憑證 |

表4　　　　　　　第四節　科目匯總表帳務處理程序

| 項目 | 科目匯總表帳務處理程序 |
|---|---|
| 概念 | 科目匯總表帳務處理程序又稱記帳憑證匯總表帳務處理程序,它是根據記帳憑證定期編製科目匯總表,再根據科目匯總表登記總分類帳的一種帳務處理程序 |
| 憑證組織 | 可以採用通用記帳憑證,也可以採用專用記帳憑證 |
| 帳簿組織 | 1. 日記帳。主要是庫存現金日記帳、銀行存款日記帳,一般採用三欄式訂本帳<br>2. 明細分類帳。一般採用三欄式、數量金額式、多欄式的活頁帳或卡片帳<br>3. 總分類帳。一般採用三欄式的訂本帳 |
| 步驟 | 1. 根據原始憑證編製匯總原始憑證<br>2. 根據原始憑證或匯總原始憑證,編製收款憑證、付款憑證和轉帳憑證,也可採用通用的記帳憑證<br>3. 根據收款憑證、付款憑證逐筆登記現金日記帳和銀行存款日記帳<br>4. 根據原始憑證、匯總原始憑證和記帳憑證登記各種明細分類帳<br>5. 根據各種記帳憑證編製科目匯總表<br>6. 根據科目匯總表登記總分類帳<br>7. 期末,現金日記帳、銀行存款日記帳和明細分類帳的餘額同有關總分類帳的餘額核對相符<br>8. 期末,根據總分類帳和明細分類帳的記錄,編製會計報表 |

表4(續)

| 特點 | 先定期把全部記帳憑證按科目匯總，編製科目匯總表，然後根據科目匯總表登記總分類帳 |
|---|---|
| 優點 | 科目匯總表帳務處理程序減輕了登記總分類帳的工作量<br>可做到試算平衡<br>簡明易懂，方便易學<br>有利於對會計工作分工 |
| 缺點 | 科目匯總表不能反應帳戶對應關係，不便於查對帳目 |
| 適用範圍 | 適用於經濟業務較多的單位 |
| 科目匯總表編製方法 | 編製科目匯總表時，首先應將匯總期內各項交易或事項所涉及的總帳科目填列在科目匯總表的「會計科目」欄內；其次，根據匯總期內所有記帳憑證，按會計科目分別加計其借方發生額和貸方發生額，將其匯總金額填列在各相應會計科目的「借方」和「貸方」欄內。按會計科目匯總後，應分別加總全部會計科目「借方」和「貸方」發生額，進行試算平衡<br>科目匯總表可以每月分次匯總，為了方便憑證的裝訂每次匯總的憑證不宜過多，每月按業務量不同匯總的次數也不同。科目匯總表也可每旬匯總一次，每月編製一張 |
| 與其他程序的區別 | 在記帳憑證和總分類帳之間增加了科目匯總表 |

## 練習題

### 一、單項選擇題

1. 直接根據記帳憑證逐筆登記總分類帳的帳務處理程序是（　　）。
   A. 記帳憑證帳務處理程序　　　B. 日記總帳帳務處理程序
   C. 科目匯總表帳務處理程序　　D. 匯總記帳憑證帳務處理程序
2. 下列屬於記帳憑證帳務處理程序優點的是（　　）。
   A. 總分類帳反應較詳細　　　　B. 有利於會計核算的日常分工
   C. 減輕了登記總分類帳的工作量　D. 便於核對帳目和進行試算平衡
3. 匯總記帳憑證帳務處理程序與科目匯總表帳務處理程序的相同點是（　　）。
   A. 登記總帳的依據相同　　　　B. 記帳憑證的匯總方法相同
   C. 保持了帳戶間的對應關係　　D. 簡化了登記總分類帳的工作量
4. 關於匯總記帳憑證帳務處理程序，下列表述中錯誤的是（　　）。
   A. 根據匯總記帳憑證登記總帳
   B. 根據記帳憑證定期編製匯總記帳憑證
   C. 根據原始憑證或匯總原始憑證登記總帳
   D. 匯總轉帳憑證應當按照每一帳戶的貸方分別設置，並按其對應的借方帳戶歸類匯總
5. 下列屬於匯總記帳憑證帳務處理程序主要缺點的是（　　）。
   A. 登記總帳的工作量較大　　　B. 不便於進行帳目的核對
   C. 不便於體現帳戶間的對應關係　D. 編製匯總轉帳憑證的工作量較大
6. 在各種不同帳務處理程序中，不能作為登記總帳依據的是（　　）。

A. 記帳憑證　　　　　　　　　　B. 科目匯總表
C. 匯總原始憑證　　　　　　　　D. 匯總記帳憑證

7. 編製匯總記帳憑證時，正確的處理方法是（　　）。
   A. 匯總轉帳憑證按每一帳戶的借方設置，並按其對應的貸方帳戶歸類匯總
   B. 匯總轉帳憑證按每一帳戶的貸方設置，並按其對應的借方帳戶歸類匯總
   C. 匯總付款憑證按庫存現金、銀行存款帳戶的借方設置，並按其對應的貸方帳戶歸類匯總
   D. 匯總收款憑證按庫存現金、銀行存款帳戶的貸方設置，並按其對應的借方帳戶歸類匯總

8. 科目匯總表定期匯總的是（　　）。
   A. 每一帳戶的本期借方發生額　　B. 每一帳戶的本期貸方發生額
   C. 每一帳戶的本期借、貸方余額　D. 每一帳戶的本期借、貸方發生額

9. 下列屬於科目匯總表帳務處理程序優點的是（　　）。
   A. 便於進行試算平衡　　　　　　B. 便於檢查核對帳目
   C. 便於分析和檢查經濟業務　　　D. 便於反應各帳戶的對應關係

10. 關於科目匯總表帳務處理程序，下列表述中正確的是（　　）。
    A. 登記總帳的直接依據是記帳憑證
    B. 登記總帳的直接依據是科目匯總表
    C. 編製會計報表的直接依據是科目匯總表
    D. 與記帳憑證帳務處理程序相比較，增加了一道編製匯總記帳憑證的程序

11. 下列屬於匯總記帳憑證帳務處理程序優點的是（　　）。
    A. 便於進行分工核算　　　　　　B. 總分類帳戶反應較詳細
    C. 簡化了編製憑證的工作量　　　D. 便於瞭解帳戶間的對應關係

12. 以下項目中，屬於科目匯總表帳務處理程序缺點的是（　　）。
    A. 不便於檢查核對帳目　　　　　B. 不便於進行試算平衡
    C. 增加了登記總分類帳的工作量　D. 增加了會計核算的帳務處理程序

13. 匯總轉帳憑證編製的依據是（　　）。
    A. 原始憑證　　　　　　　　　　B. 收款憑證
    C. 付款憑證　　　　　　　　　　D. 轉帳憑證

14. 記帳憑證帳務處理程序和匯總記帳憑證帳務處理程序的主要區別是（　　）。
    A. 記帳方法不同　　　　　　　　B. 記帳程序不同
    C. 憑證及帳簿組織不同　　　　　D. 登記總帳的依據和方法不同

15. 適用於規模較小、業務量不多的單位的帳務處理程序是（　　）。
    A. 記帳憑證帳務處理程序　　　　B. 科目匯總表帳務處理程序
    C. 匯總記帳憑證帳務處理程序　　D. 多欄式日記帳帳務處理程序

16. 關於匯總記帳憑證帳務處理程序，下列表述正確的是（　　）。
    A. 登記總帳的工作量大　　　　　B. 明細帳與總帳無法核對
    C. 不能體現帳戶之間的對應關係　D. 匯總記帳憑證的編製較為繁瑣

17. 下列屬於記帳憑證帳務處理程序缺點的是（　　）。
    A. 方法不易掌握　　　　　　　　B. 不便於會計合理分工

C. 不能體現帳戶的對應關係　　　　D. 登記總帳的工作量較大

**二、多項選擇題**

1. 記帳憑證帳務處理程序、匯總記帳憑證帳務處理程序和科目匯總表帳務處理程序應共同遵循的程序有（　　）。
　　A. 根據記帳憑證逐筆登記總分類帳
　　B. 根據總分類帳和明細分類帳的記錄，編製會計報表
　　C. 根據原始憑證、匯總原始憑證和記帳憑證登記各種明細分類帳
　　D. 期末，庫存現金日記帳、銀行存款日記帳和明細分類帳的余額與有關總分類帳的余額核對相符

2. 下列項目中，屬於科學、合理地選擇適用於本單位的帳務處理程序的意義有（　　）。
　　A. 有利於增強會計信息可靠性　　B. 有利於提高會計信息的質量
　　C. 有利於會計工作程序的規範化　　D. 有利於保證會計信息的及時性

3. 常用的帳務處理程序主要有（　　）。
　　A. 記帳憑證帳務處理程序　　　　B. 日記總帳帳務處理程序
　　C. 科目匯總表帳務處理程序　　　D. 匯總記帳憑證帳務處理程序

4. 適用於生產經營規模較大、業務較多企業的帳務處理程序有（　　）。
　　A. 記帳憑證帳務處理程序　　　　B. 科目匯總表帳務處理程序
　　C. 匯總記帳憑證帳務處理程序　　D. 多欄式日記帳帳務處理程序

5. 以下屬於記帳憑證帳務處理程序優點的有（　　）。
　　A. 簡單明瞭、易於理解
　　B. 減輕了登記總分類帳的工作量
　　C. 便於進行會計科目的試算平衡
　　D. 總分類帳可較詳細地記錄經濟業務發生情況

6. 下列屬於匯總記帳憑證帳務處理程序特點的有（　　）。
　　A. 根據匯總記帳憑證登記總帳
　　B. 根據原始憑證編製匯總原始憑證
　　C. 根據記帳憑證定期編製科目匯總表
　　D. 根據記帳憑證定期編製匯總記帳憑證

7. 以下屬於匯總記帳憑證帳務處理程序優點的有（　　）。
　　A. 能保持帳戶間的對應關係　　　B. 便於會計核算的日常分工
　　C. 能減少登記總帳的工作量　　　D. 能起到入帳前的試算平衡作用

8. 各種帳務處理程序下，登記明細帳的依據可能有（　　）。
　　A. 原始憑證　　　　　　　　　　B. 記帳憑證
　　C. 匯總原始憑證　　　　　　　　D. 匯總記帳憑證

9. 在記帳憑證帳務處理程序下，不可以作為登記總帳直接依據的有（　　）。
　　A. 原始憑證　　　　　　　　　　B. 記帳憑證
　　C. 匯總原始憑證　　　　　　　　D. 匯總記帳憑證

10. 在不同的帳務處理程序下，登記總帳的依據可以有（　　）。

        A. 記帳憑證                    B. 科目匯總表
        C. 匯總記帳憑證                D. 匯總原始憑證
11. 帳務處理程序包括的組織過程主要有（    ）。
        A. 會計憑證                    B. 會計分錄
        C. 會計帳簿                    D. 會計報表
12. 不同帳務處理程序的相同之處有（    ）。
        A. 編製記帳憑證的直接依據相同  B. 編製會計報表的直接依據相同
        C. 登記總分類帳簿的直接依據相同 D. 登記明細分類帳簿的直接依據相同
13. 不論哪種帳務處理程序，在編製會計報表之前，要進行的對帳工作有（    ）。
        A. 用試算平衡法核對總帳        B. 明細分類帳與總分類帳的核對
        C. 銀行存款日記帳與總分類帳的核對 D. 庫存現金日記帳與總分類帳的核對
14. 在科目匯總表帳務處理程序下，月末應與總分類帳進行核對的有（    ）。
        A. 備查帳                      B. 明細分類帳
        C. 銀行存款日記帳              D. 庫存現金日記帳
15. 以下屬於匯總記帳憑證帳務處理程序優點的有（    ）。
        A. 手續簡便                    B. 簡化總帳登記
        C. 反應內容詳細                D. 能反應帳戶對應關係
16. 下列屬於科目匯總表帳務處理程序優點的有（    ）。
        A. 反應內容詳細                B. 簡化總帳登記
        C. 便於試算平衡                D. 能反應帳戶對應關係
17. 在科目匯總表帳務處理程序下，不能作為登記總帳直接依據的有（    ）。
        A. 原始憑證                    B. 記帳憑證
        C. 科目匯總表                  D. 匯總原始憑證
18. 下列項目可以根據記帳憑證匯總編製的有（    ）。
        A. 科目匯總表                  B. 匯總付款憑證
        C. 發出材料匯總表              D. 匯總轉帳憑證
19. 在匯總記帳憑證帳務處理程序下，月末應與總帳核對的內容有（    ）。
        A. 明細帳                      B. 會計報表
        C. 輔助帳                      D. 銀行存款日記帳
20. 關於記帳憑證匯總表，下列表述正確的有（    ）。
        A. 可以簡化總分類帳的登記工作
        B. 記帳憑證匯總表是一種記帳憑證
        C. 記帳憑證匯總表能起到試算平衡的作用
        D. 記帳憑證匯總表保留了帳戶之間的對應關係
21. 在科目匯總表帳務處理程序下，記帳憑證的用處有（    ）。
        A. 編製科目匯總表              B. 登記總分類帳
        C. 登記明細分類帳              D. 登記庫存現金日記帳
22. 在各種帳務處理程序下，登記明細分類帳的依據有（    ）。
        A. 原始憑證                    B. 記帳憑證

C. 原始憑證匯總表　　　　　　　D. 記帳憑證匯總表
23. 對於匯總記帳憑證帳務處理程序，下列說法錯誤的有（　　）。
　　A. 登記總帳的工作量大　　　　B. 明細帳與總帳無法核對
　　C. 不能體現帳戶之間的對應關係　　D. 匯總記帳憑證的編製較為繁瑣
24. 在常見的帳務處理程序中，共同的帳務處理工作有（　　）。
　　A. 均應編製記帳憑證　　　　　B. 均應設置和登記總帳
　　C. 均應填製匯總記帳憑證　　　D. 均應填製或取得原始憑證
25. 常用的各種帳務處理程序，它們的共同之處有（　　）。
　　A. 登記日記帳的依據相同　　　B. 編製記帳憑證的依據相同
　　C. 編製會計報表的依據相同　　D. 登記總分類帳的依據相同
26. 匯總記帳憑證的編製依據有（　　）。
　　A. 收款憑證　　　　　　　　　B. 原始憑證
　　C. 付款憑證　　　　　　　　　D. 轉帳憑證

三、判斷題

1. 各種帳務處理程序的主要區別在於登記總帳的依據和方法不同。（　　）
2. 匯總記帳憑證帳務處理程序適合規模小、業務量少的單位。（　　）
3. 科目匯總表帳務處理程序能科學地反應帳戶的對應關係，且便於帳目核對。（　　）
4. 匯總轉帳憑證按庫存現金、銀行存款帳戶的借方設置，並按其對應的貸方帳戶歸類匯總。（　　）
5. 匯總記帳憑證帳務處理程序既能保持帳戶的對應關係，又能減輕登記總分類帳的工作量。（　　）
6. 匯總記帳憑證能反應帳戶的對應關係。（　　）
7. 各個企業的業務性質、組織規模、管理上的要求不同，企業應根據自身的特點，制定出恰當的會計帳務處理程序。（　　）
8. 不同的憑證、帳簿組織以及與之相適應的記帳程序和方法相結合，構成不同的帳務處理程序。（　　）
9. 記帳憑證帳務處理程序的主要特點就是直接根據各種記帳憑證登記總帳。（　　）
10. 科目匯總表帳務處理程序的主要特點是根據科目匯總表填製報表。（　　）
11. 匯總記帳憑證帳務處理程序就是根據原始憑證或匯總原始憑證編製記帳憑證，據以登記總帳的帳務處理程序。（　　）
12. 記帳憑證帳務處理程序一般適用於規模大、業務複雜、憑證較多的單位。（　　）
13. 科目匯總表帳務處理程序不能反應科目對應關係，因而不便於分析經濟業務的來龍去脈，不便於查對帳目。（　　）
14. 科目匯總表不僅可以減輕登記總分類帳的工作量，還可以起到試算平衡作用，從而保證總帳登記的正確性。（　　）
15. 科目匯總表帳務處理程序只適用於經濟業務不太複雜的中小型單位。（　　）
16. 記帳憑證帳務處理程序主要特點是將記帳憑證分為收、付、轉三種記帳憑證。（　　）

17. 會計報表是根據總分類帳、明細分類帳和日記帳的記錄定期編製的。（　）
18. 記帳憑證是登記各種帳簿的唯一依據。（　）
19. 無論採用哪種帳務處理程序，企業編製會計報表的依據都是相同的。（　）
20. 科目匯總表可以反應帳戶之間的對應關係，但不能起到試算平衡的作用。（　）
21. 採用科目匯總表帳務處理程序，總帳、明細帳和日記帳都應根據科目匯總表登記。（　）
22. 科目匯總表帳務處理程序與匯總記帳憑證帳務處理程序的適用範圍是完全相同的。（　）
23. 庫存現金日記帳和銀行存款日記帳不論在何種帳務處理程序下，都是根據收款憑證和付款憑證逐日逐筆順序登記的。（　）
24. 帳務處理程序就是指帳程序。（　）
25. 同一企業可以同時採用幾種不同的帳務處理程序。（　）
26. 各種帳務處理程序的不同之處在於登記明細帳的直接依據不同。（　）
27. 匯總記帳憑證帳務處理程序的缺點在於保持帳戶之間的對應關係。（　）
28. 原始憑證可以作為登記各種帳簿的直接依據。（　）
29. 在各種帳務處理程序下，其登記庫存現金日記帳的直接依據都是相同的。（　）
30. 匯總記帳憑證和科目匯總表編製的方法相同。（　）

## 參考答案

### 一、單項選擇題

| 1. A | 2. A | 3. D | 4. C | 5. D | 6. C |
| 7. B | 8. D | 9. A | 10. B | 11. D | 12. A |
| 13. D | 14. D | 15. A | 16. D | 17. D | |

### 二、多項選擇題

| 1. BCD | 2. ABCD | 3. ACD | 4. BC | 5. AD | 6. AD |
| 7. AC | 8. ABC | 9. AC | 10. ABC | 11. ACD | 12. ABD |
| 13. ABCD | 14. BCD | 15. BD | 16. BC | 17. ABD | 18. ABD |
| 19. AD | 20. ABC | 21. ACD | 22. ABC | 23. ABC | 24. ABD |
| 25. ABC | 26. ACD | | | | |

### 三、判斷題

| 1. √ | 2. × | 3. × | 4. × | 5. √ | 6. √ |
| 7. √ | 8. √ | 9. √ | 10. × | 11. × | 12. × |
| 13. √ | 14. √ | 15. × | 16. × | 17. × | 18. × |
| 19. √ | 20. × | 21. × | 22. × | 23. × | 24. × |
| 25. × | 26. × | 27. × | 28. × | 29. √ | 30. × |

# 第十章
# 帳戶體系

**要點總覽**

- 帳戶分類的意義
- 帳戶按用途結構分類的帳戶體系
  - 資本類帳戶：用途結構、範圍、特點
  - 盤存類帳戶：用途結構、範圍、特點
  - 結算類帳戶：用途結構、範圍、特點
  - 調整類帳戶：用途結構、範圍、特點
  - 跨期攤銷類帳戶：用途結構、範圍、特點
  - 計價對比類帳戶：用途結構、範圍、特點
  - 集合分配類帳戶：用途結構、範圍、特點
  - 成本計算類帳戶：用途結構、範圍、特點
  - 匯轉類帳戶：用途結構、範圍、特點
  - 財務成果類帳戶：用途結構、範圍、特點
  - 暫記類帳戶：用途結構、範圍、特點
- 帳戶按經濟內容分類的帳戶體系
  - 資產類帳戶：含義、內容
  - 負債類帳戶：含義、內容
  - 共同類帳戶：含義、內容
  - 所有者權益類帳戶：含義、內容
  - 成本類帳戶：含義、內容
  - 損益類帳戶：含義、內容
- 帳戶按提供指標的詳細程度分類的帳戶體系
  - 總分類帳戶：含義、內容
  - 明細分類帳戶：含義、內容
- 帳戶按照期末是否有余額分類的帳戶體系
  - 實帳戶：含義、內容
  - 虛帳戶：含義、內容
- 帳戶按照所列入的會計報表不同進行分類的帳戶體系
  - 資產負債表帳戶：含義、內容
  - 利潤表帳戶：含義、內容

## 重點難點

重點：帳戶按用途結構分類的帳戶體系 { 每類帳戶的用途、結構 / 每類帳戶的範圍 / 每類帳戶的特點

難點 { 結算類帳戶：用途結構、範圍、特點 / 調整類帳戶：用途結構、範圍、特點 / 集合分配類帳戶：用途結構、範圍、特點 / 成本計算類帳戶：用途結構、範圍、特點 / 匯轉類帳戶：用途結構、範圍、特點 / 財務成果類帳戶：用途結構、範圍、特點

## 知識點梳理

表1　　　　　　　　　一、帳戶分類的意義

| 帳戶分類的意義 | 1. 帳戶分類是全面認識和瞭解帳戶所反應內容的基礎 |
| --- | --- |
| | 2. 帳戶分類是進一步瞭解各個帳戶內容之間聯繫和區別的關鍵 |
| | 3. 帳戶分類有助於深入瞭解各會計要素的經濟內容 |
| | 4. 帳戶分類體現了帳戶之間既相互獨立又相互補充的關係 |

表2　　　　　　二、帳戶按照用途結構分類形成的帳戶體系

| 帳戶按用途和結構的分類 | | 範圍 |
| --- | --- | --- |
| （一）資本類帳戶 | 1. 用途 | 用來核算和監督企業投資者投入的資本和資本發生增減變動及結存情況的帳戶 |
| | 2. 結構 | 貸增借減，余額一般在貸方 |
| | 3. 特點 | （1）能夠在一定程度上反應企業的經營規模和持續經營能力<br>（2）只能提供價值量核算指標 |
| | 4. 範圍 | 實收資本、資本公積、盈余公積 |
| （二）盤存類帳戶 | 1. 用途 | 用來核算和監督企業各項財產物資和貨幣資金增減變動及結存情況的帳戶 |
| | 2. 結構 | 借增貸減，余額一般在借方 |
| | 3. 特點 | （1）能夠通過盤點確定結存數<br>（2）一般能提供實物和價值兩種核算指標 |
| | 4. 範圍 | 庫存現金、銀行存款、原材料、庫存商品、固定資產 |

表2(續)

| 帳戶按用途和結構的分類 | | | 範圍 |
|---|---|---|---|
| （三）結算類帳戶 | | 債權結算類帳戶 | （1）用途：用來核算和監督債權企業與各個債務單位或個人之間結算業務的帳戶 |
| | | | （2）結構：借增貸減，余額一般在借方 |
| | | | （3）範圍：應收帳款、應收票據、預付帳款、其他應收款 |
| | | 債務結算類帳戶 | （1）用途：用來核算和監督債務企業與各個債權單位或個人之間結算業務的帳戶 |
| | | | （2）結構：貸增借減，余額一般在貸方 |
| | | | （3）範圍：應付帳款、應付票據、其他應付款、預收帳款、應付職工薪酬、應交稅費 |
| | | 債權債務結算類帳戶 | （1）用途：用來核算和監督企業與某一個單位或個人之間發生的債權或債務往來結算業務的帳戶 |
| | | | （2）結構：借方記錄債權的增加數額和債務的減少數額；貸方記錄債權的減少數額和債務的增加數額；期末余額有時在借方，有時在貸方 |
| | | | （3）範圍：應收帳款、預付帳款、應付帳款、預收帳款等 |
| （四）調整類帳戶 | | 抵減（備抵）類帳戶 | （1）用途：用來抵減被調整帳戶的余額，以便得出被調整帳戶的實際數額的帳戶 |
| | | | （2）結構：貸增借減，余額一般在貸方 |
| | | | （3）範圍：累計折舊、壞帳準備、存貨跌價準備、利潤分配 |
| | | 附加類帳戶 | （1）用途：用來增加被調整帳戶的余額，以便得出被調整帳戶實際數額的帳戶 |
| | | | （2）結構：與被調整帳戶的結構相同，余額方向相同 |
| | | | （3）範圍：應付債券——債券溢價 |
| | | 抵減（備抵）附加類帳戶 | （1）用途：既可以用來抵減又可以用來增加被調整帳戶的余額，以便得出被調整帳戶實際數額的帳戶 |
| | | | （2）結構：兼有兩種帳戶的結構 |
| | | | （3）範圍：材料成本差異 |
| （五）跨期攤銷類帳戶 | | 1. 用途 | 用來核算和監督企業已經發生但是應該根據權責發生制在幾個會計期間進行攤銷的有關費用的帳戶 |
| | | 2. 結構 | 借方記錄實際支付的費用，貸方記錄每期攤銷的費用，借方余額表示尚未攤銷的費用 |
| | | 3. 特點 | （1）充分體現了收入與費用的配比<br>（2）只能提供價值量核算指標 |
| | | 4. 範圍 | 長期待攤費用 |

表2(續)

| 帳戶按用途和結構的分類 | | 範圍 |
|---|---|---|
| (六) 計價對比類帳戶 | 1. 用途 | 用來核算和監督企業經營過程中某項經濟業務按照兩種不同的計價標準進行對比，以便確定業務結果的帳戶 |
| | 2. 結構 | 借方登記實際成本，貸方登記計劃成本 |
| | 3. 特點 | (1) 借貸兩方採用的計價標準不同，可以考核所採用的計價方式的合理性<br>(2) 明細分類核算可以提供價值量核算指標，也可以根據需要提供實物量核算指標 |
| | 4. 範圍 | 材料採購 |
| (七) 集合分配類帳戶 | 1. 用途 | 用來歸集企業在一定會計期間發生的有關費用，然後在會計期末按適當的方法將所歸集的費用分配計入相關成本計算對象的帳戶 |
| | 2. 結構 | 借方登記有關費用的發生數額，貸方登記費用的分配數額，期末分配後一般沒有餘額 |
| | 3. 特點 | (1) 對一定會計期間發生的有關費用先歸集後分配，期末分配後無餘額<br>(2) 是涉及產品成本計算的基本帳戶<br>(3) 只提供價值量核算指標 |
| | 4. 範圍 | 製造費用 |
| (八) 成本計算類帳戶 | 1. 用途 | 用來核算和監督企業在一定會計期間所發生的有關費用，並按適當方法計算確定各有關成本計算對象實際成本的帳戶 |
| | 2. 結構 | 借方登記生產產品發生的有關費用，貸方登記完工轉出的費用，期末餘額在借方，表示在產品成本 |
| | 3. 特點 | (1) 先歸集後計算轉出<br>(2) 若有期末餘額則具有盤存類帳戶的性質<br>(3) 可以提供價值量和實物量核算指標 |
| | 4. 範圍 | 生產成本、材料採購、在建工程、勞務成本 |
| (九) 暫記類帳戶 | 1. 用途 | 用來核算與監督企業在財產清查等經濟活動中發現的盤盈、盤虧和毀損在尚未查明原因前暫時運用以保證帳實相符的帳戶 |
| | 2. 結構 | 具有雙重性質 |
| | 3. 特點 | (1) 平時可以有餘額，但年末應無餘額<br>(2) 可以提供價值量和實物量核算指標 |
| | 4. 範圍 | 待處理財產損溢 |

表2(續)

| 帳戶按用途和結構的分類 | | 範圍 |
|---|---|---|
| (十) 匯轉類帳戶 | 收益匯轉類帳戶 | (1) 用途：用來匯集和結轉企業在某一期間內從事經營活動或其他活動的某種收入的帳戶 |
| | | (2) 結構：貸增借減 |
| | | (3) 範圍：主營業務收入、其他業務收入、營業外收入、投資收益 |
| | 費用匯轉類帳戶 | (1) 用途：用來匯集和結轉企業在某一期間內從事經營活動或其他活動的某種費用或損失的帳戶 |
| | | (2) 結構：借增貸減 |
| | | (3) 範圍：主營業務成本、其他業務成本、營業稅金及附加、銷售費用、管理費用、財務費用、所得稅費用、營業外支出 |
| | 匯轉類帳戶的特點 | (1) 先匯集后結轉到「本年利潤」帳戶，期末結轉后各損益類帳戶無余額 |
| | | (2) 是涉及財務成果形成的基本帳戶 |
| | | (3) 只提供價值量核算指標 |
| (十一) 財務成果類帳戶 | 1. 用途 | 用來核算和監督企業一定會計期間全部生產經營活動最終成果的帳戶 |
| | 2. 結構 | 貸方登記各項收入、利得的轉入金額，借方登記各項費用、損失的轉入金額，期末貸方余額表示盈利，借方余額則表示虧損 |
| | 3. 特點 | (1) 是連接收入和費用類帳戶的紐帶 |
| | | (2) 年末結轉后無余額 |
| | | (3) 只提供價值量核算指標 |
| | 4. 範圍 | 本年利潤 |

表3　　　　　　　三、帳戶按照經濟內容分類形成的帳戶體系

| 帳戶按經濟內容的分類 | 範圍 |
|---|---|
| (一) 資產類帳戶 | 庫存現金、銀行存款、應收帳款、其他應收款、應收票據、長期應收款、預付帳款、原材料、庫存商品、固定資產、累計折舊、固定資產清理、無形資產、待處理財產損溢、長期待攤費用、長期股權投資、持有至到期投資等 |
| (二) 負債類帳戶 | 短期借款、應付帳款、應付票據、其他應付款、預收帳款、應付職工薪酬、應交稅費、應付利息、長期借款、應付債券、長期應付款等 |
| (三) 共同類 | 清算資金往來、外匯買賣、衍生工具、套期工具、被套期項目 |
| (四) 所有者權益類帳戶 | 實收資本、資本公積、盈余公積、本年利潤、利潤分配 |
| (五) 成本類帳戶 | 生產成本、製造費用 |
| (六) 損益類帳戶 | 主營業務收入、主營業務成本、營業稅金及附加、其他業務收入、其他業務成本、管理費用、銷售費用、財務費用、投資收益、營業外收入、營業外支出、所得稅費用 |

表 4　　　　四、帳戶按照提供指標的詳細程度分類形成的帳戶體系

| 帳戶按提供指標詳細程度的分類 | 範圍 |
|---|---|
| （一）總分類帳戶 | 庫存現金、銀行存款、應收帳款、其他應收款、應收票據、長期應收款、預付帳款、原材料、庫存商品、固定資產、累計折舊、固定資產清理、無形資產、待處理財產損溢、長期待攤費用、長期股權投資、持有至到期投資、短期借款、應付帳款、應付票據、其他應付款、預收帳款、應付職工薪酬、應交稅費、應付利息、長期借款、應付債券、長期應付款、實收資本、資本公積、盈余公積、本年利潤、利潤分配、生產成本、製造費用、主營業務收入、主營業務成本、營業稅金及附加、其他業務收入、其他業務成本、管理費用、銷售費用、財務費用、投資收益、營業外收入、營業外支出、所得稅費用等 |
| （二）明細分類帳戶 | 明細帳戶主要是為了滿足企內部管理需要，設置靈活，不像會計科目那樣具有很強的規範性，因此不能一一列舉，僅舉幾例進行說明<br>「銀行存款」帳戶可按貨幣種類以不同的開戶銀行和帳號設置明細帳<br>「原材料」帳戶可按不同的品種、規格、型號等設置明細帳<br>「應收帳款」帳戶可按不同的債務人設置明細帳<br>「應付帳款」帳戶可按不同的債權人設置明細帳 |

表 5　　　　五、帳戶按照期末是否有余額分類形成的帳戶體系

| 帳戶按期末是否有余額的分類 | 範圍 |
|---|---|
| （一）實帳戶 | 資產類帳戶，如庫存現金、銀行存款、應收帳款、其他應收款、應收票據、預付帳款、原材料、庫存商品、固定資產、累計折舊、無形資產、待處理財產損溢、長期待攤費用等<br>負債類帳戶，如短期借款、應付帳款、應付票據、其他應付款、預收帳款、應付職工薪酬、應交稅費、應付利息、長期借款等<br>所有者權益類帳戶，如實收資本、資本公積、盈余公積、本年利潤、利潤分配等<br>成本類帳戶，如生產成本、製造費用等 |
| （二）虛帳戶 | 損益類帳戶，如主營業務收入、主營業務成本、營業稅金及附加、其他業務收入、其他業務成本、管理費用、銷售費用、財務費用、投資收益、營業外收入、營業外支出、所得稅費用等 |

表 6　　　　六、帳戶按照所列入的會計報表的不同分類形成的帳戶體系

| 帳戶按所列入的會計報表不同的分類 | 範圍 |
|---|---|
| （一）資產負債表帳戶 | 資產類帳戶、負債類帳戶、所有者權益類帳戶、成本類帳戶 |
| （二）利潤表帳戶 | 損益類帳戶 |

# 練習題

## 一、單項選擇題

1. 用來核算和監督企業各項財產物資和貨幣資金增減變動及結存情況的帳戶是（　　）。

A．盤存帳戶　　　　　　　　　　B．資本帳戶
　　C．暫記類帳戶　　　　　　　　　D．成本計算類帳戶
2．資本類帳戶能夠提供的核算指標是（　　）。
　　A．價值量　　　　　　　　　　　B．實物量
　　C．勞動量　　　　　　　　　　　D．價值量和勞動量
3．下列屬於利潤表帳戶的是（　　）。
　　A．製造費用　　　　　　　　　　B．財務費用
　　C．生產成本　　　　　　　　　　D．長期待攤費用
4．債務結算帳戶的貸方登記的內容是（　　）。
　　A．債務的減少數　　　　　　　　B．債務的增加數
　　C．債權的減少數　　　　　　　　D．債權的增加數
5．對「固定資產」帳戶進行調整的帳戶是（　　）。
　　A．在建工程　　　　　　　　　　B．生產成本
　　C．累計折舊　　　　　　　　　　D．固定資產清理
6．下列帳戶中屬於抵減附加類帳戶的是（　　）。
　　A．製造費用　　　　　　　　　　B．庫存商品
　　C．應收帳款　　　　　　　　　　D．材料成本差異
7．下列帳戶中屬於所有者權益類帳戶的是（　　）。
　　A．利潤分配　　　　　　　　　　B．投資收益
　　C．營業外收入　　　　　　　　　D．所得稅費用
8．下列帳戶中屬於盤存類帳戶的是（　　）。
　　A．原材料　　　　　　　　　　　B．應收票據
　　C．應付票據　　　　　　　　　　D．實收資本
9．下列帳戶中屬於成本計算類帳戶的是（　　）。
　　A．固定資產　　　　　　　　　　B．生產成本
　　C．長期待攤費用　　　　　　　　D．主營業務成本
10．下列屬於計價對比類帳戶的是（　　）。
　　A．庫存商品　　　　　　　　　　B．無形資產
　　C．材料採購　　　　　　　　　　D．主營業務收入
11．下列屬於跨期攤銷類帳戶的是（　　）。
　　A．應付利息　　　　　　　　　　B．財務費用
　　C．管理費用　　　　　　　　　　D．長期待攤費用
12．債權結算帳戶的貸方登記的內容是（　　）。
　　A．債務的減少數　　　　　　　　B．債務的增加數
　　C．債權的減少數　　　　　　　　D．債權的增加數
13．調整帳戶與被調整帳戶所反應的經濟內容是（　　）。
　　A．相同的　　　　　　　　　　　B．不同的
　　C．原始數據　　　　　　　　　　D．調整後的實際數據
14．下列帳戶不屬於按用途結構分類的是（　　）。
　　A．損益類帳戶　　　　　　　　　B．調整類帳戶

C. 財務成果類帳戶　　　　　　　　D. 集合分配類帳戶
15. 下列帳戶不屬於按經濟內容分類的是（　　）。
　　A. 成本類帳戶　B. 負債類帳戶　C. 結算類帳戶　D. 資產類帳戶

二、多項選擇題

1. 下列屬於匯轉類帳戶的有（　　）。
　　A. 管理費用　　　　　　　　　　B. 財務費用
　　C. 其他業務收入　　　　　　　　D. 營業稅金及附加
2. 下列屬於結算類帳戶的有（　　）。
　　A. 附加類帳戶　　　　　　　　　B. 債務結算類帳戶
　　C. 債權結算類帳戶　　　　　　　D. 債權債務結算類帳戶
3. 下列只能提供價值量核算指標的有（　　）。
　　A. 盤存類帳戶　　　　　　　　　B. 結算類帳戶
　　C. 匯轉類帳戶　　　　　　　　　D. 財務成果類帳戶
4. 下列關於抵減類調整帳戶與被調整帳戶的說法中，正確的有（　　）。
　　A. 二者結構相同　　　　　　　　B. 二者結構相反
　　C. 二者余額方向相同　　　　　　D. 二者余額方向相反
5. 下列屬於資產負債表帳戶的有（　　）。
　　A. 短期借款　　　　　　　　　　B. 預付帳款
　　C. 製造費用　　　　　　　　　　D. 銷售費用
6. 下列帳戶中屬於調整類帳戶的有（　　）。
　　A. 壞帳準備　　　　　　　　　　B. 累計折舊
　　C. 固定資產　　　　　　　　　　D. 應收帳款
7. 下列帳戶屬於按用途結構分類的有（　　）。
　　A. 成本類帳戶　　　　　　　　　B. 資產類帳戶
　　C. 資本類帳戶　　　　　　　　　D. 成本計算類帳戶
8. 下列有關成本計算類帳戶的表述中，正確的有（　　）。
　　A. 借方登記轉出的已經完工的成本計算對象的實際成本
　　B. 貸方登記轉出的已經完工的成本計算對象的實際成本
　　C. 借方登記某一特定成本計算對象在生產過程中所發生的有關費用
　　D. 貸方登記某一特定成本計算對象在生產過程中所發生的有關費用
9. 下列關於費用匯轉類帳戶結構的說法，正確的有（　　）。
　　A. 借方登記一定會計期間的費用數
　　B. 借方登記一定會計期間的損失數
　　C. 貸方登記期末轉入「本年利潤」帳戶的費用數
　　D. 貸方登記期末轉入「本年利潤」帳戶的損失數
10. 下列關於財務成果類帳戶結構的說法，正確的有（　　）。
　　A. 借方登記各項費用、損失的發生額
　　B. 貸方登記各項收入、利得的發生額
　　C. 借方登記各項費用、損失的轉入金額

D. 貸方登記各項收入、利得的轉入金額

### 三、判斷題

1. 附加類調整帳戶與被調整帳戶結構相同。( )
2. 帳戶按照期末是否有余額進行分類，可分為實帳戶和虛帳戶。( )
3. 帳戶按所列入的會計報表不同進行分類，可分為資產負債表帳戶和利潤表帳戶。( )
4. 「應收帳款」帳戶既屬於資產類帳戶，也屬於結算類帳戶。( )
5. 「本年利潤」帳戶屬於計價對比類帳戶。( )
6. 「主營業務成本」帳戶期末結轉後無余額，屬於虛帳戶。( )
7. 「應收帳款」帳戶可以按照不同的債權人設置明細帳。( )
8. 「管理費用」帳戶都屬於集合分配類帳戶。( )
9. 資本類帳戶能夠在一定程度上反應企業的經營規模和持續經營能力。( )
10. 成本計算類帳戶若有期末余額則具有盤存類帳戶的性質。( )

## 參考答案

### 一、單項選擇題

1. A    2. A    3. B    4. B    5. C    6. D
7. A    8. A    9. B    10. C   11. D   12. C
13. A   14. A   15. C

### 二、多項選擇題

1. ABCD  2. BCD   3. BCD   4. BD    5. ABC   6. AB
7. CD    8. BC    9. ABCD  10. CD

### 三、判斷題

1. √    2. √    3. √    4. √    5. ×    6. √
7. ×    8. ×    9. √    10. √

# 第十一章 會計工作組織

## 要點總覽

- 會計機構的設置
  - 各級主管部門會計機構的設置：會計司、會計處等
  - 企事業單位會計機構的設置
    - 單獨設置會計機構
    - 在有關機構中設置專職會計人員
    - 實行代理記帳
- 會計工作崗位設置——按需設置、符合內部牽制制度要求、建立輪崗制度
- 會計人員
  - 會計人員的職責權限
  - 總會計師
  - 會計人員的人員選拔
  - 會計人員應具備的素質
    - 專業素質
    - 會計職業道德
- 會計規範體系
  - 會計法律：全國人民代表大會及其常務委員會制定
  - 會計行政法規：國務院制定發布
  - 會計部門規章：財政部發布
  - 地方性會計法規：地方人大或常委會制定
  - 內部會計管理制度：各單位制定
  - 會計職業道德規範
- 會計檔案管理
  - 會計檔案的內容
  - 會計檔案的歸檔與移交
  - 會計檔案的查閱使用
  - 會計檔案的保管期限
  - 會計檔案的銷毀
- 會計工作交接
  - 工作交接範圍
  - 交接程序

## 重點難點

重點
- 會計機構的設置
- 會計人員的職責權限
- 會計人員的專業素質與會計職業道德
- 會計規範體系
- 會計檔案管理

難點
- 企事業單位會計機構的設置
- 會計人員的專業素質
- 會計規範體系

## 知識點梳理

表1　　　　　　　　　　第一節　會計工作組織概述

| 一、會計工作組織的含義 | 會計工作組織是根據會計工作的特點，對會計機構的設置、會計人員的配備、會計規範的制定與執行，會計檔案的保管以及會計交接等各項工作的統籌安排 | |
|---|---|---|
| 二、組織會計工作的意義 | （一）有利於貫徹執行有關法律法規，維護社會主義市場經濟秩序 | |
| | （二）有利於保證會計工作質量和提高會計工作效率 | |
| | （三）有利於完善企事業單位的內部經濟責任制、加強內部管理 | |
| | （四）有利於提高與其他經濟管理工作的協調一致性 | |
| 三、組織會計工作的原則 | （一）統一性原則 | 是指組織會計工作必須按照國家對會計工作的統一要求來進行 |
| | （二）適應性原則 | 是指組織會計工作應適應各企事業單位自身經營管理的特點 |
| | （三）效益性原則 | 是指組織會計工作時應在保證會計工作質量的前提下，節約人力物力，講求經濟效益 |
| | （四）責任制和內部控制原則 | 是指組織會計工作時，對會計工作進行合理分工，遵循內部控制原則，建立和完善會計工作責任制，不同崗位的會計人員各司其職，並形成各方面相互牽制的機制，避免會計工作出現失誤與舞弊 |

表2　　　　　　　　　　第二節　會計機構

| 一、會計機構的設置 | （一）各級主管部門會計機構的設置 | 我國財政部設置會計司，主管全國會計工作；地方財政部門、企業主管部門一般設置會計局、會計處等，主管本地區或本系統所屬企業的會計工作 |
|---|---|---|
| | （二）基層企事業單位會計機構的設置 | 1. 單獨設置會計機構<br>2. 在有關機構中設置專職會計人員<br>3. 實行代理記帳 |

表2(續)

| | | |
|---|---|---|
| 二、會計工作崗位的設置 | (一) 會計工作崗位的含義 | 是指一個單位會計機構內部根據業務分工而設置的從事會計工作、辦理會計事項的具體職能崗位 |
| | (二) 會計工作崗位設置的要求 | 1. 根據本單位會計業務的需要設置<br>2. 符合單位內部牽制制度的要求<br>3. 建立輪崗制度 |
| | (三) 主要會計工作崗位 | 一般可分為：總會計師（或行使總會計師職權）崗位；會計機構負責人或者會計主管人員崗位；出納崗位；資金核算崗位；財產物資核算崗位；收入、支出、債權債務等核算崗位；工資核算崗位；成本費用核算崗位；財務成果核算崗位；總帳崗位；對外財務會計報告編製崗位；會計電算化崗位；檔案管理崗位；稽核崗位等 |

表3　　　　　　　　　　　第三節　會計人員

| | | |
|---|---|---|
| 一、會計人員的含義 | | 會計人員通常是指在國家機關、事業單位、社會團體、企業和其他組織中從事會計工作的人員，包括會計機構負責人（會計主管人員）、會計師、會計員和出納員等 |
| 二、會計人員的職責和權限 | (一) 會計人員的主要職責 | 1. 制定本單位辦理會計事務的具體辦法<br>2. 進行會計核算，如實反應情況<br>3. 進行會計監督<br>4. 編製經濟業務計劃和財務預算，並考核、分析其執行情況 |
| | (二) 會計人員的主要權限 | 1. 會計人員有權履行其管理職能<br>2. 會計人員有權要求有關部門和人員認真執行計劃和預算<br>3. 會計人員有監督權 |
| 三、總會計師 | (一) 總會計師的設置 | 國有的和國有資產占控股地位或者主導地位的大、中型企業必須設置總會計師 |
| | (二) 總會計師的任職條件與任免程序 | |
| | (三) 總會計師的職責和權限 | |
| 四、會計人員的選拔任用 | | 1. 從事會計工作的人員必須取得會計從業資格證書。擔任會計機構負責人（會計主管人員）的，除取得會計從業資格證書外，還應具備會計師以上專業技術職務資格或者從事會計工作三年以上的經歷<br>2. 總會計師的任職條件之一是取得會計師專業技術資格後，主管一個單位或是單位內部一個重要方面的財務會計工作的時間不少於三年<br>3. 除總會計師由本單位主要行政領導人提名，政府主管部門任命或者聘任外，會計人員具備了相關資格或者是符合有關任職條件後，由所在單位自行決定其是否從事相關工作<br>4. 國有企事業單位會計人員實行迴避制度 |
| 五、會計人員應具備的素質 | (一) 會計專業素質 | 1. 會計從業資格<br>2. 會計專業技術資格與職務 |
| | (二) 會計職業道德 | 愛崗敬業、誠實守信、廉潔自律、客觀公正、堅持準則、提高技能、參與管理、強化服務 |

# 第十一章 會計工作組織

表4　　　　　　　　　　　第四節　會計規範體系

| | | |
|---|---|---|
| 一、我國會計規範體系的總體構成 | (一) 會計規範體系的構成 | 1. 會計法律規範<br>2. 會計準則制度和規範性文件<br>3. 會計職業道德 |
| | (二) 會計規範體系的作用 | 1. 為指導會計人員工作提供依據<br>2. 為評價會計行為提供了客觀標準<br>3. 為維護社會經濟秩序提供了重要保障 |
| | (三) 會計規範體系的特徵 | 1. 統一性<br>2. 權威性<br>3. 科學性<br>4. 發展性與相對穩定性 |
| 二、我國會計規範體系的具體內容 | (一) 會計法律 | 全國人民代表大會及其常務委員會制定；效力最高；如《中華人民共和國會計法》《中華人民共和國註冊會計師法》 |
| | (二) 會計行政法規 | 國務院發布；效力僅次於會計法律；如《總會計師條例》《企業財務會計報告條例》 |
| | (三) 會計部門規章 | 財政部發布；效力低於會計法律、會計行政法規；如《企業會計準則》《會計基礎工作規範》等 |
| | (四) 地方性會計法規 | 地方人大或常務委員會制定；在本地區範圍內有效；如：《××省會計管理條例》等 |
| | (五) 內部會計管理制度 | 各單位制定；在本單位範圍內有效 |
| | (六) 會計職業道德規範 | 非強制力執行，有很強自律性 |

表5　　　　　　　　　　　第五節　會計檔案管理和會計工作交接

| | | |
|---|---|---|
| 一、會計檔案管理 | (一) 會計檔案的內容 | 1. 會計檔案的範圍：會計憑證、會計帳簿、財務會計報告、其他會計資料<br>2. 電子會計檔案管理 |
| | (二) 會計檔案的歸檔與移交 | 1. 定期將應歸檔的會計資料整理立卷，編製保管清冊<br>2. 當年歸檔的會計資料一般於會計年度終了後一年內，向檔案機構或檔案工作人員進行移交。因工作需要確實需要推遲移交，仍由會計機構臨時保管的，應當經檔案機構或檔案工作人員所屬機構同意，且最多不超過三年<br>3. 辦理會計檔案移交時，應當編製會計檔案移交清冊，並按國家有關規定辦理移交手續 |
| | (三) 會計檔案的查閱使用 | 1. 在使用會計檔案的過程中，嚴禁篡改和損壞會計檔案<br>2. 單位保存的會計檔案一般不得對外借出，確因特殊需要且根據國家有關規定必須借出的，應當嚴格按照規定辦理相關手續 |
| | (四) 會計檔案的保管期限 | 1. 會計檔案的保管期限分為永久、定期兩類　定期保管期限分為10年和30年兩類<br>2. 會計檔案的保管期限，從會計年度終了後第一天算起，該期限為最低保管期限 |
| | (五) 會計檔案的銷毀 | 1. 會計檔案的銷毀程序<br>2. 期滿仍不能銷毀的會計檔案 |

表5(續)

| 二、會計工作交接 | (一) 會計工作交接範圍 | 會計人員調動工作或者離職，必須與接管人員辦清交接手續 |
|---|---|---|
| | (二) 會計工作交接程序 | 1. 提出移交申請<br>2. 做好辦理移交手續前的準備工作<br>3. 按移交清冊逐項移交<br>4. 由專人負責監交<br>5. 交接后的相關事宜 |
| | (三) 會計交接人員的責任 | 移交人員應對所移交的會計憑證、會計帳簿、財務會計報告和其他會計資料的真實性、完整性負責 |

## 練習題

### 一、單項選擇題

1. 在我國，為了保證國有經濟順利有序、健康發展，在國有企事業單位中任用會計人員應實行的是（　　）。
    A. 一貫制度　　　　　　　　　B. 優先制度
    C. 迴避制度　　　　　　　　　D. 領導制度
2. 下列屬於會計工作崗位的是（　　）。
    A. 醫院收費員　　　　　　　　B. 醫院藥房記帳員
    C. 醫院內部審計人員　　　　　D. 醫院財務處出納員
3. 下列不屬於會計人員職責的是（　　）。
    A. 編製預算　　　　　　　　　B. 進行會計核算
    C. 實行會計監督　　　　　　　D. 決定企業經營方針
4. 會計人員對不真實、不合法的原始憑證的處理是（　　）。
    A. 予以退回　　　　　　　　　B. 不予受理
    C. 補充更正　　　　　　　　　D. 無權自行處理
5. 下列不屬於會計人員專業技術職務的是（　　）。
    A. 會計師　　　　　　　　　　B. 總會計師
    C. 助理會計師　　　　　　　　D. 高級會計師
6. 下列各項中，屬於初級會計專業職務的是（　　）。
    A. 會計師　　　　　　　　　　B. 註冊會計師
    C. 助理會計師　　　　　　　　D. 會計從業資格
7. 主管代理記帳業務的負責人，至少應具備的專業技術資格是（　　）。
    A. 會計員　　　　　　　　　　B. 會計師
    C. 助理會計師　　　　　　　　D. 高級會計師
8. 下列崗位中，不需要取得會計從業資格證的是（　　）。
    A. 前臺收銀員　　　　　　　　B. 會計機構負責人
    C. 單位工作核算員　　　　　　D. 財務科內會計檔案管理員
9. 實行迴避制度的單位，會計機構負責人的直系親屬不得擔任本單位的職位是

（　　）。
  A. 出納        B. 稽核
  C. 主辦會計      D. 負責往來帳的會計

10. 實行迴避制度的單位，單位領導人的直系親屬不得擔任本單位的職位是（　　）。
  A. 出納        B. 會計
  C. 收銀員       D. 會計機構負責人

11. 擔任會計機構負責人的，除取得會計從業資格證書外，還應當具備會計師以上專業技職務資格或者具有一定年限的會計工作經歷，該年限是（　　）。
  A. 1 年以上      B. 2 年以上
  C. 3 年以上      D. 4 年以上

12. 會計人員熱愛工作，安心本職工作，忠於職守，盡心盡責，體現的會計職業道德是（　　）。
  A. 愛崗敬業      B. 誠實守信
  C. 提高技能      D. 強化服務

13. 下列既是做人的基本準則，也是會計職業道德精髓的是（　　）。
  A. 愛崗敬業      B. 誠實守信
  C. 提高技能      D. 奉獻社會

14. 「常在河邊走，就是不濕鞋」體現的會計職業道德是（　　）。
  A. 愛崗敬業      B. 誠實守信
  C. 廉潔自律      D. 客觀公正

15. 某公司為完成一筆銷售業務，向對方有關人員支付 5,000 元好處費。該公司銷售部負責人拿著公司經理的批示到財務部領取該筆款項，財務部王某認為該筆支出不符合有關規定，但考慮到公司主要領導已經同意，還是撥付了款項。下列對王某做法認定正確的是（　　）。
  A. 王某違反了誠實守信的會計職業道德
  B. 王某違反了客觀公正的會計職業道德
  C. 王某違反了堅持原則的會計職業道德
  D. 王某違反了參與管理的會計職業道德

16. 下列各項中，屬於會計法律的是（　　）。
  A.《中華人民共和國會計法》  B.《總會計師條例》
  C.《企業會計制度》    D.《會計基礎工作規範》

17. 下列各項中，屬於會計行政法規的是（　　）。
  A.《中華人民共和國會計法》  B.《總會計師條例》
  C.《企業會計制度》    D.《會計基礎工作規範》

18. 下列各項中，有權制定國家統一會計制度的部門是（　　）。
  A. 國務院財政部門    B. 國務院審計部門
  C. 國務院稅務部門    D. 國務院證券監管部門

19. 下列各項中，有權制定與頒布行政法規的是（　　）。
  A. 財政部       B. 國務院

C. 全國人民代表大會 　　　　　　　　D. 各級人民代表大會
20. 在會計交接手續中，如發現「白條抵庫」現象，應採取的做法是（　　）。
　　A. 監交人負責清查處理　　　　　　B. 內部審計人員負責清查處理
　　C. 接替人在移交后負責清查處理　　D. 移交人在規定期限內負責清查處理
21. 一般會計人員在辦理會計工作交接時，監交人是（　　）。
　　A. 單位負責人　　　　　　　　　　B. 其他會計人員
　　C. 會計機構負責人　　　　　　　　D. 主管部門有關人員
22. 根據《會計檔案管理辦法》的規定，會計檔案的保管期限分永久、定期兩類。定期保管期限又分兩種，其中保管期限最長的年數是（　　）。
　　A. 10 年　　　　　　　　　　　　　B. 20 年
　　C. 25 年　　　　　　　　　　　　　D. 30 年
23. 下列各項中，不屬於會計檔案的是（　　）。
　　A. 會計憑證　　　　　　　　　　　B. 經濟合同
　　C. 會計帳簿　　　　　　　　　　　D. 財務會計報告
24. 企業庫存現金和銀行存款日記帳的保管期限是（　　）。
　　A. 5 年　　　　　　　　　　　　　B. 10 年
　　C. 30 年　　　　　　　　　　　　D. 永久
25. 會計工作交接中的移交清冊，一般應填製的是（　　）。
　　A. 一份　　　　　　　　　　　　　B. 一式兩份
　　C. 一式三份　　　　　　　　　　　D. 一式四份

## 二、多項選擇題

1. 根據《會計基礎工作規範》的規定，出納人員不得兼任的工作有（　　）。
　　A. 稽核　　　　　　　　　　　　　B. 會計檔案保管
　　C. 銀行存款日記帳登記　　　　　　D. 收入、費用、債權債務帳目登記
2. 根據《會計基礎工作規範》的規定，任用會計人員應當實行迴避制度的有（　　）。
　　A. 國家機關　　　　　　　　　　　B. 國有企業
　　C. 事業單位　　　　　　　　　　　D. 非國有企業
3. 會計工作的組織，主要有（　　）。
　　A. 會計機構的設置　　　　　　　　B. 會計人員的配備
　　C. 會計檔案的保管　　　　　　　　D. 會計法律法規等的制定與執行
4. 根據《會計基礎工作規範》的規定，出納人員可以擔任的工作有（　　）。
　　A. 收入、費用帳目的登記　　　　　B. 固定資產明細帳的登記
　　C. 庫存現金日記帳的登記　　　　　D. 銀行存款日記帳的登記
5. 代理記帳機構可以接受委託，代表委託人辦理的業務有（　　）。
　　A. 登記會計帳簿　　　　　　　　　B. 出具審計報告
　　C. 編製財務會計報表　　　　　　　D. 向稅務機構提供納稅資料
6. 會計人員的主要職能有（　　）。
　　A. 進行會計核算

B. 進行會計監督

C. 制定本單位辦理會計事務的具體辦法

D. 編製經濟業務計劃和財務預算，並考核、分析其執行情況

7. 我國會計規範體系的具體內容有（　　）。
   A. 會計法律　　　　　　　　　B. 會計部門規章
   C. 會計職業道德　　　　　　　D. 內部會計管理制度

8. 會計規範體系的特徵有（　　）。
   A. 統一性　　　　　　　　　　B. 權威性
   C. 科學性　　　　　　　　　　D. 發展性與相對穩定性

9. 下列各項中，不屬於從事會計工作必須具備的條件的有（　　）。
   A. 取得會計從業資格證書　　　B. 取得註冊會計師資格證書
   C. 具有初級會計專業技術資格證書　D. 具有大學以上會計專業學歷證書

10. 下列屬於會計工作崗位的有（　　）。
    A. 出納崗位　　　　　　　　　B. 工資核算崗位
    C. 成本核算崗位　　　　　　　D. 單位內部審計人員崗位

11. 下列屬於會計部門規章的有（　　）。
    A.《總會計師條例》　　　　　　B.《企業會計準則》
    C.《企業會計制度》　　　　　　D.《會計基礎工作規範》

12. 下列屬於會計檔案的有（　　）。
    A. 會計憑證　　　　　　　　　B. 會計帳簿
    C. 財務會計報告　　　　　　　D. 其他會計資料

13. 下列屬於不得銷毀的會計檔案有（　　）。
    A. 未了事項的會計憑證
    B. 保管期未滿的會計檔案
    C. 未結清的債權債務會計憑證
    D. 保管期滿，經檔案鑒定小組確定仍須保管的會計檔案

14. 下列關於會計工作交接的表述中正確的有（　　）。
    A. 移交清冊一式兩份
    B. 移交時須有專人監交
    C. 移交人應編製移交清冊
    D. 移交人對已移交的會計檔案的真實合法性負責

三、判斷題

1. 對不具備設置會計機構和會計人員條件的單位，應當委託代理記帳機構代理記帳。
（　　）

2. 組織會計工作的統一性原則是指組織會計工作必須適應本單位經營管理的需要。
（　　）

3.《中華人民共和國會計法》規定，國有的和國有資產占控股地位或者主導地位的大、中型企業必須設置總會計師。（　　）

4. 目前，我國基層企事業單位的會計工作受財政部門和單位主管部門的雙重領導。（　）

5. 任用沒有會計從業資格證書的人員從事會計工作屬於違法行為。（　）

6. 會計工作崗位可以一人一崗、一人多崗或者一崗多人，但出納人員不得兼管稽核、會計檔案保管和收入、支出、費用、債權債務帳目的登記工作。（　）

7. 國有企業單位領導人的直系親屬可以擔任該企業會計機構負責人。（　）

8. 會計人員對記帳不準確、不完整的原始憑證有權予以退回，並要求經辦人按國家統一會計制度的規定進行更正、補充。（　）

9. 《企業會計準則》的效力高於《財務會計報告條例》。（　）

10. 會計法律是指由我國最高行政機關——國務院制定並發布的《中華人民共和國會計法》。（　）

11. 會計檔案的保管期限分為永久保管和定期保管，其中定期保管分為10年、30年兩類。（　）

12. 會計職業道德是一種強制性的規範。（　）

13. 銀行對帳單屬於會計檔案。（　）

14. 會計工作移交後，移交人員仍須對所接受的會計檔案的真實完整性負責。（　）

15. 會計檔案移交清冊的保管期限是永久。（　）

## 參考答案

### 一、單項選擇題

1. C　　2. D　　3. D　　4. B　　5. B　　6. C
7. B　　8. A　　9. A　　10. D　　11. C　　12. A
13. B　　14. C　　15. C　　16. A　　17. B　　18. A
19. B　　20. D　　21. C　　22. D　　23. B　　24. C
25. C

### 二、多項選擇題

1. ABD　　2. ABC　　3. ABCD　　4. BCD　　5. ACD　　6. ABCD
7. ABCD　　8. ABCD　　9. BCD　　10. ABC　　11. BCD　　12. ABCD
13. ABCD　　14. BCD

### 三、判斷題

1. √　　2. ×　　3. √　　4. √　　5. √　　6. √
7. ×　　8. √　　9. ×　　10. ×　　11. √　　12. ×
13. √　　14. √　　15. ×

# 第十二章
# 會計信息系統

## 要點總覽

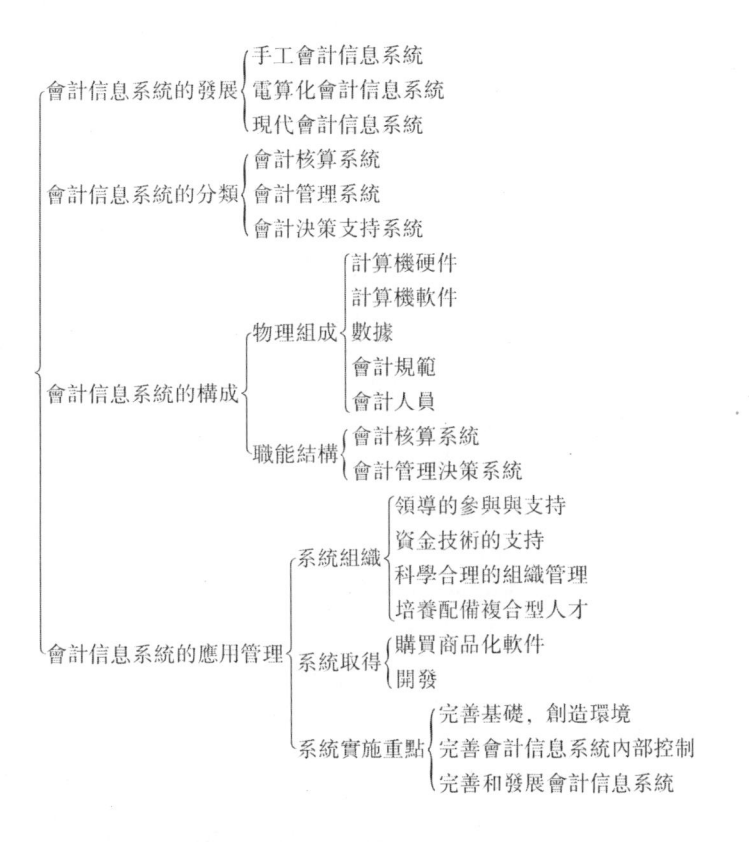

- 會計信息系統的發展
  - 手工會計信息系統
  - 電算化會計信息系統
  - 現代會計信息系統
- 會計信息系統的分類
  - 會計核算系統
  - 會計管理系統
  - 會計決策支持系統
- 會計信息系統的構成
  - 物理組成
    - 計算機硬件
    - 計算機軟件
    - 數據
    - 會計規範
    - 會計人員
  - 職能結構
    - 會計核算系統
    - 會計管理決策系統
- 會計信息系統的應用管理
  - 系統組織
    - 領導的參與與支持
    - 資金技術的支持
    - 科學合理的組織管理
    - 培養配備複合型人才
  - 系統取得
    - 購買商品化軟件
    - 開發
  - 系統實施重點
    - 完善基礎，創造環境
    - 完善會計信息系統內部控制
    - 完善和發展會計信息系統

## 重點難點

- 重點
  - 會計信息系統的構成
  - 會計信息系統的應用管理
- 難點
  - 會計信息系統的職能結構
  - 會計信息系統的實施重點

# 知識點梳理

表1　　　　　　　　第一節　會計信息系統概述

| 一、會計信息系統的產生與發展 | （一）手工會計信息系統 | |
|---|---|---|
| | （二）傳統自動化會計信息系統即電算化會計信息系統 | |
| | （三）現代會計信息系統 | |
| 二、會計信息系統的分類 | （一）會計核算系統 | 會計核算系統是整個會計信息系統的基礎 |
| | （二）會計管理系統 | 會計管理系統是會計決策支持系統的基礎，是會計信息系統的中間層次 |
| | （三）會計決策支持系統 | 會計決策支持系統是會計信息系統的最高層次 |
| 三、會計信息系統的特點 | （一）數據的準確性 | |
| | （二）數據處理速度的高效性 | |
| | （三）會計信息的共享性 | |
| 四、會計信息系統的意義 | （一）提高了會計工作的效率和會計信息的質量 | |
| | （二）減輕了會計人員的勞動強度，使會計人員有時間和精力參與管理 | |
| | （三）加快信息流速，促進組織管理的現代化 | |
| | （四）促進會計理論研究和會計實務發展 | |

表2　　　　　　　　第二節　會計信息系統的構成

| 一、會計信息系統的物理組成 | （一）計算機硬件 | 是指進行會計數據輸入、處理、存儲及輸出的各種電子設備 |
|---|---|---|
| | （二）計算機軟件 | 包括系統軟件和應用軟件 |
| | （三）數據 | 包括輸入的各種數據。由於會計信息涉及面廣、量大，由數據庫系統集中處理 |
| | （四）會計規範 | 是指保證會計信息系統正常運行的各種制度與控制程序 |
| | （五）會計人員 | 是廣義的會計人員，包括會計信息系統的使用人員和管理人員 |
| 二、會計信息系統的職能結構 | （一）會計核算系統 | 包括總帳子系統、材料核算子系統、固定資產核算子系統、成本核算子系統、往來管理子系統、銷售核算子系統、工資核算子系統、會計報表子系統 |
| | （二）會計管理決策系統 | 包括全面預算子系統、資金預測子系統、短期經營決策子系統、成本控制子系統、存貨控制子系統、長期投資決策子系統、銷售利潤預測分析子系統 |

表3　　　　　　　　　第三節　會計信息系統的應用管理

| 一、會計信息系統的組織 | （一）領導的參與與支持 |
| --- | --- |
| | （二）資金和技術的支持 |
| | （三）科學合理的組織管理 |
| | （四）培養配備複合型人員 |
| 二、會計信息系統的取得 | （一）購買商品化會計軟件 | 1. 商品化會計軟件，是指專門的軟件公司研製的，在市場上對外銷售的會計軟件。如金蝶、用友、金算盤、小蜜蜂等會計軟件，它們一般都屬於通用會計軟件<br>2. 商品化會計軟件的特點為通用性、保密性以及軟件一般由商家統一維護與更新<br>3. 單位在購買商品化會計軟件時，應從多方面去考慮選擇 |
| | （二）須開發的其他會計軟件 | 1. 具體可以自行開發、委託其他單位開發或與其他單位合作開發<br>2. 基於單位需求開發的會計軟件，具有專用型、易用性強的特點，但也存在一定的局限性，如技術要求高、軟件開發週期長、費用高、軟件的應變能力不強等 |
| 三、會計信息系統的實施重點 | （一）完善基礎，創造環境 |
| | （二）完善會計信息系統內部控制 |
| | （三）完善和發展會計信息系統 |

# 練習題

## 一、單項選擇題

1. 根據所能提供會計信息的深度和服務層次劃分，下列處於會計信息系統最高層次的是（　　）。
　　A. 會計核算系統　　　　　　　B. 會計管理系統
　　C. 會計分析系統　　　　　　　D. 會計決策支持系統
2. 下列不屬於會計信息系統計算機硬件構成的是（　　）。
　　A. 鍵盤　　　　　　　　　　　B. 掃描儀
　　C. 路由器　　　　　　　　　　D. 操作系統
3. 商家無須向購買軟件的用戶提供源程序代碼，這體現商品化會計軟件的特點是（　　）。
　　A. 通用性　　　　　　　　　　B. 保密性
　　C. 易學性　　　　　　　　　　D. 商家維護性
4. 下列選項不屬於會計信息系統特點的是（　　）。
　　A. 提高數據的準確性　　　　　B. 提高信息的共享性
　　C. 提高數據的安全性　　　　　D. 提高數據的處理速度
5. 下列不屬於會計核算系統的是（　　）。

A. 總帳子系統 B. 成本核算子系統
C. 會計報表子系統 D. 成本控制子系統

二、多項選擇題

1. 根據所能提供會計信息的深度和服務層次劃分，下列屬於會計信息核算系統的有（　　）。
   A. 會計核算系統 B. 會計管理系統
   C. 會計分析系統 D. 會計決策支持系統
2. 會計信息系統的特點有（　　）。
   A. 提高數據的準確性 B. 提高數據的處理速度
   C. 提高數據的安全性 D. 提高信息的共享性
3. 會計信息系統的意義有（　　）。
   A. 促進會計理論研究和會計實務發展
   B. 加快信息流速，促進組織管理的現代化
   C. 提高了會計工作的效率和會計信息的質量
   D. 減輕了會計人員的勞動強度，使會計人員有時間和精力參與管理
4. 從物理組成來看，構成會計信息系統的有（　　）。
   A. 數據 B. 會計人員
   C. 計算機硬件 D. 計算機軟件
5. 會計核算系統的子系統有（　　）。
   A. 總帳子系統 B. 材料核算子系統
   C. 成本控制子系統 D. 會計報表子系統
6. 會計管理決策子系統有（　　）。
   A. 資金預算子系統 B. 成本控制子系統
   C. 存貨控制子系統 D. 全面預算子系統
7. 做好會計信息系統組織規劃工作，需要（　　）。
   A. 領導的參與與支持 B. 資金和技術的支持
   C. 科學合理的組織管理 D. 培養配備複合型人員
8. 會計信息系統取得的途徑有（　　）。
   A. 自行開發 B. 委託其他單位開發
   C. 購買商品化會計軟件 D. 與其他單位合作開發
9. 商品化會計軟件的特點有（　　）。
   A. 通用性 B. 保密性
   C. 易學性 D. 商家統一維護與更新
10. 企業要使會計信息系統能很好運行，需要做的有（　　）。
    A. 使用商品化會計軟件 B. 完善會計信息系統內部控制
    C. 完善基礎，創造環境 D. 完善和發展會計信息系統

三、判斷題

1. 會計信息系統減輕了會計人員的勞動強度，使會計人員有時間和精力參與管理，

也對會計人員提出了更高的要求。 (　)

2. 成本核算子系統，是根據不同的成本控制目的，採用不同的成本控制方法對產品進行事前、事中、事後控制，分析實際成本與標準成本的差異，找出成本變動的原因，為成本決策提供依據。 (　)

3. 計算機軟件包括系統軟件和應用軟件。 (　)

4. 商品化會計軟件的橫向通用性是指軟件能滿足不同單位會計業務的不同需求。
 (　)

5. 根據單位需求而開發的會計軟件具有專用性、靈活性較強的特點。 (　)

## 參考答案

### 一、單項選擇題

1. D　　　2. D　　　3. B　　　4. C　　　5. D

### 二、多項選擇題

1. ABD　　2. ABD　　3. ABCD　　4. ABCD　　5. ABD
6. ABCD　　7. ABCD　　8. ABCD　　9. ABD　　10. BCD

### 三、判斷題

1. √　　　2. ×　　　3. √　　　4. √　　　5. ×

國家圖書館出版品預行編目(CIP)資料

會計學原理：學習輔導書 / 劉衛，蔣琳玲主編. -- 第一版.
-- 臺北市：崧博出版：財經錢線文化發行，2018.10
　面；　公分
ISBN 978-957-735-534-8(平裝)
1.會計學
495.1　　　　107016303

書　名：會計學原理：學習輔導書
作　者：劉衛、蔣琳玲 主編
發行人：黃振庭
出版者：崧博出版事業有限公司
發行者：財經錢線文化事業有限公司
E-mail：sonbookservice@gmail.com
粉絲頁　　　　　　　網　址：
地　址：台北市中正區延平南路六十一號五樓一室
8F.-815, No.61, Sec. 1, Chongqing S. Rd., Zhongzheng Dist., Taipei City 100, Taiwan (R.O.C.)
電　話：(02)2370-3310　傳　真：(02) 2370-3210
總經銷：紅螞蟻圖書有限公司
地　址：台北市內湖區舊宗路二段 121 巷 19 號
電　話：02-2795-3656　傳真：02-2795-4100　網址：
印　刷：京峯彩色印刷有限公司（京峰數位）

　　本書版權為西南財經大學出版社所有授權崧博出版事業有限公司獨家發行電子書及繁體書繁體版。若有其他相關權利及授權需求請與本公司聯繫。

定價：250元
發行日期：2018 年 10 月第一版
◎ 本書以POD印製發行